青少年人工智能编程 启蒙丛书

Python编程入门

刘 洋 任昱凤 田 华 主 编

方 刚 涂 娟 夏 丹 龚运新 副主编

清華大学出版社

北京

内 容 简 介

本书全面介绍Python语言编程控制方法，选用有趣、实用的产品，以培养读者独立设计智能电子产品的技术与能力。本书采用项目式教学体系编写，全书安排12个项目，将设计产品的基本知识和编程技术分解到各项目中，每个项目包含一个核心知识点，同时做到从易到难、循序渐进。

本书可作为中小学"人工智能"课程入门教材，第三方进校园教材，学校社团活动教材，学校课后服务（托管服务）课程、科创课程教材，校外培训机构和社团机构相关专业教材，也可作为自学人员自学教材，还可作为家长辅导孩子的指导书。

图书在版编目（CIP）数据

Python 编程入门 . 下 / 刘洋，任昱凤，田华主编 .
北京：清华大学出版社，2024. 9. --（青少年人工智能
编程启蒙丛书）. -- ISBN 978-7-302-67288-3

Ⅰ. TP312.8-49

中国国家版本馆 CIP 数据核字第 2024DN9596 号

责任编辑： 袁勤勇　杨　枫
封面设计： 刘　键
责任校对： 申晓焕
责任印制： 丛怀宇

出版发行： 清华大学出版社
网　　址： https://www.tup.com.cn，https://www.wqxuetang.com
地　　址： 北京清华大学学研大厦A座　　**邮　　编：** 100084
社 总 机： 010-83470000　　**邮　　购：** 010-62786544
投稿与读者服务： 010-62776969, c-service@tup.tsinghua.edu.cn
质量反馈： 010-62772015, zhiliang@tup.tsinghua.edu.cn
课件下载： https://www.tup.com.cn,010-83470236
印 装 者： 三河市铭诚印务有限公司
经　　销： 全国新华书店
开　　本： 185mm×260mm　　**印　　张：** 8.5　　**字　　数：** 126千字
版　　次： 2024年9月第1版　　**印　　次：** 2024年9月第1次印刷
定　　价： 39.00元

产品编号：102979-01

丛书顾问委员会名单

新时代赋予新使命，人工智能正在从机器学习、深度学习快速迈入大模型通用智能（AGI）时代，新一代认知人工智能赋能千行百业转型升级，对促进人类生产力创新可持续发展具有重大意义。

创新的源泉是发现和填补生产力体系中的某种稀缺性，而创新本身是21世纪人类最为稀缺的资源。若能以战略科学设计驱动文化艺术创意体系化植入科学技术工程领域，赋能产业科技创新升级高质量发展甚至撬动人类产业革命，则中国科技与产业领军世界指日可待，人类文明可持续发展才有希望。

国家要发展，主要内驱力来自精神信念与民族凝聚力！从人工智能的视角看，国家就像是由14亿台神经计算机组成的机群，信仰是神经计算机的操作系统，精神是神经计算机的应用软件，民族凝聚力是神经计算机网络执行国际大事的全维度能力。

战略科学设计如何回答钱学森之问？从关键角度简要解读如下。

（1）设计变革：从设计技术走向设计产业化战略。

（2）产业变革：从传统产业走向科创上市产业链。

（3）科技变革：从固化学术研究走向院士创新链。

（4）教育变革：从应试型走向大成智慧教育实践。

（5）艺术变革：从细分技艺走向各领域尖端哲科。

（6）文化变革：从传承创新走向人类文明共同体。

（7）全球变革：从存量博弈走向智慧创新宇宙观。

宇宙维度多重，人类只知一角，是非对错皆为幻象。常规认知与高维认知截然不同，从宇宙高度考虑问题相对比较客观。前人理论也可颠覆，毕竟宇宙之大，人类还不足以窥见万一。

探索创新精神，打造战略意志；
成功核心，在于坚韧不拔信念；
信念一旦确定，百慧自然而生。

丛书顾问委员会由俄罗斯自然科学院院士、武汉理工大学教授郑刚强，清华大学博士陈桂生，湖南省教育督导评估专家谢平升，麻城市博达学校校长李理，中国科学院自动化研究所研究员汤淑明，武汉人工智能研究院研究员、院长王金桥，武汉大学计算机学院智能化研究所教授马于涛，麻城市博达学校董事长李尧东，无锡科技职业学院教授龚运新，黄冈市黄梅县教育局周时佐，麻城市博达学校董事李知，黄冈市黄梅县实验小学向俊雅、郭翠琴，黄冈市黄梅县八角亭中学洪小娟等组成。

人工智能教育已经开展了十几年。这十几年来,市场上不乏一些好教材,但是很难找到一套适合的、系统化的教材。学习一下图形化编程，操作一下机器人、无人机和无人车，这些零散的、碎片化的知识对于想系统学习的读者来说很难，入门较慢，也培养不出专业人才。近些年，国家已制定相关文件推动和规范人工智能编程教育的发展,并将编程教育纳入中小学相关课程。

鉴于以上事实，编委会组织专家团队，集合多年在教学一线的教师编写了这套教材，并进行了多年教学实践，探索了教师培训和选拔机制，经过多次教学研讨，反复修改，反复总结提高，现将付梓出版发行。

人工智能知识体系包括软件、硬件和理论，中小学只能学习基本的硬件和软件。硬件主要包括机械和电子，软件划分为编程语言、系统软件、应用软件和中间件。在初级阶段主要学习编程软件和应用软件，再用编程软件控制简单硬件做一些简单动作，这样选取的机械设计、电子控制系统硬件设计和软件 3 部分内容就组成了人工智能教育阶段的入门知识体系。

本丛书在初级阶段首先用电子积木和机械积木作为实验设备,选择典型、常用的电子元器件和机械零部件，先了解认识，再组成简单、有趣的应用产品或艺术品；接着用 CAD（计算机辅助设计）软件制作出这些产品的原理图或机械图，将玩积木上升为技术设计和学习 CAD 软件。这样将玩积木和学知识有机融合，可保证知识的无缝衔接，平稳过渡，通过几年的教学实践，取得了较好效果。

中级阶段学习图形化编程，也称为 2D 编程。本书挑选生活中适合中小学生年龄段的内容，做到有趣、科学，在编写程序并调试成功的过程中，发展思维、提高能力。在每个项目中均融入相关学科知识，体现了专业性、严谨性。特别是图形化编程适合未来无代码或少代码的编程趋势，满足大众学习编程的需求。

图形化编程延续玩积木的思路，将指令做成积木块形式，编程时像玩积木一样将指令拼装好，一个程序就编写成功，运行后看看结果是否正确，不正确再修改，直到正确为止。从这里可以看出图形化编程不像语言编程那样有完善的软件开发系统，该系统负责程序的输入，运行，指令错误检查，调试（全速、单步、断点运行）。尽管软件不太完善，但对于初学者而言还是一种有趣的软件，可作为学习编程语言的一种过渡。

在图形化编程入门的基础上，进一步学习三维编程，在维度上提高一维，难度进一步加大，三维动画更加有趣，更有吸引力。本丛书注重编写程序全过程能力培养，从编程思路、程序编写、程序运行、程序调试几方面入手，以提高读者独立编写、调试程序的能力，培养读者的自学能力。

在图形化编程完全掌握的基础上，学习用图形化编程控制硬件，这是软件和硬件的结合，难度进一步加大。《图形化编程控制技术（上）》主要介绍单元控制电路，如控制电路设计、制作等技术。《图形化编程控制技术（下）》介绍用 Mind+ 图形化编程控制一些常用的、有趣的智能产品。一个智能产品要经历机械设计、机械 CAD 制图、机械组装制造、电气电路设计、电路电子 CAD 绘制、电路元器件组装调试、Mind+ 编程及调试等过程，这两本书按照这一产品制造过程编写，让读者知道这些工业产品制造的全部知识，弥补市面上教材的不足，尽可能让读者经历现代职业、工业制造方面的训练，从而培养智能化、工业社会所需的高素质人才。

高级阶段学习 Python 编程软件，这是一款应用较广的编程软件。这一阶段正式进入编程语言的学习，难度进一步加大。编写时尽量讲解编程方法、基本知识、基本技能。这一阶段是在《图形化编程控制技术（上）》的基础上学习 Python 控制硬件，硬件基本没变，只是改用 Python 语言编写程序，更高阶段可以进一步学习 Python、C、C++ 等语言，硬件方面可以学习单片机、3D 打印机、机器人、无人机等。

本丛书按核心知识、核心素养来安排课程，由简单到复杂，体现知识的递进性，形成层次分明、循序渐进、逻辑严谨的知识体系。在内容选择上，尽量以趣味性为主、科学性为辅，知识技能交替进行，内容丰富多彩，采用各种方法激活学生兴趣，尽可能展现未来科技，为读者打开通向未来的一扇窗。

我国是制造业大国，与之相适应的教育体系仍在完善。在义务教育阶段，职业和工业体系的相关内容涉及较少，工业产品的发明创造、工程知识、工匠精神等方面知识较欠缺，只能逐步将这些内容渗透到入门教学的各环节，从青少年抓起。

丛书编写时，坚持"五育并举，学科融合"这一教育方针，并贯彻到教与学的每个环节中。本丛书采用项目式体例编写，用一个个任务将相关知识有机联系起来。例如，编程显示语文课中的诗词、文章，展现语文课中的情景，与语文课程紧密相连，编程进行数学计算，进行数学相关知识学习。此外，还可以编程进行英语方面的知识学习，创建多学科融合、共同提高、全面发展的教材编写模式，探索多学科融合，共同提高，达到考试分数高、综合素质高的教育目标。

五育是德、智、体、美、劳。将这五育贯穿在教与学的每个过程中，在每个项目中学习新知识进行智育培养的同时，进行其他四育培养。每个项目安排的讨论和展示环节，引导读者团结协作、认真做事、遵守规章，这是教学过程中的德育培养。提高读者语文的写作和表达能力，要求编程界面美观，书写工整，这是美育培养。加大任务量并要求快速完成，做事吃苦耐劳，这是在实践中同时进行的劳育与体育培养。

本丛书特别注重思维能力的培养，知识的扩展和知识图谱的建立。为打破学科之间的界限，本丛书力图进行学科融合，在每个项目中全面介绍项目相关的知识，丰富学生的知识广度，加深读者的知识深度，训练读者的多向思维，从而形成解决问题的多种思路、多种方法、多种技能，培养读者的综合能力。

本丛书将学科方法、思想、哲学贯穿到教与学的每个环节中。在编写时将学科思想、学科方法、学科哲学在各项目中体现。每个学科要掌握的方法和思想很多，具体问题要具体分析。例如编写程序，编写时选用面向过程还是面向对象的方法编写程序，就是编程思想；程序编写完成后，编译程序、运行程序、观察结果、调试程序，这些是方法；指令是怎么发明的，指令在计算机中是怎么运行的，指令如何执行……这些问题里蕴含了哲学思想。以上内容在书中都有涉及。

本丛书特别注重读者工程方法的学习，工程方法一般包括 6 个基本步骤，分别是想法、概念、计划、设计、开发和发布。在每个项目中，对这 6 个步骤有些删减，可按照想法（做个什么项目）、计划（怎么做）、开发（实际操作）、展示（发布）这 4 步进行编写，让学生知道这些方法，从而培养做事的基本方法，养成严谨、科学、符合逻辑的思维方法。

教育是一个系统工程，包括社会、学校、家庭各方面。教学过程建议培训家长，指导家庭购买计算机，安装好学习软件，在家中进一步学习。对于优秀学生，建议继续进入专业培训班或机构加强学习，为参加信息奥赛及各种竞赛奠定基础。这样，社会、学校、家庭就组成了一个完整的编程教育体系，读者在家庭自由创新学习，在学校接受正规的编程教育，在专业培训班或机构进行系统的专业训练，环环相扣，循序渐进，为国家培养更多优秀人才。国家正在推动“人工智能”“编程”“劳动”“科普”“科创”等课程逐步走进校园，本丛书编委会正是抓住这一契机，全力推进这些课程进校园，为建设国家完善的教育生态系统而努力。

本丛书特别为人工智能编程走进学校、走进家庭而写，为系统化、专业化培养人工智能人才而作，旨在从小唤醒读者的意识、激活编程兴趣，为读者打开窥探未来技术的大门。本丛书适用于父母对幼儿进行编程启蒙教育，可作为中小学生“人工智能”编程教材、培训机构教材，也可作为社会人员编程培训的教材，还适合对图形化编程有兴趣的自学人员使用。读者可以改变现有游戏规则，按自己的兴趣编写游戏，变被动游戏为主动游戏，趣味性较高。

“编程”课程走进中小学课堂是一次新的尝试，尽管进行了多年的教学实践和多次教材研讨，但限于编者水平，书中不足之处在所难免，敬请读者批评指正。

丛书顾问委员会

2024 年 5 月

现代社会，智能设备无处不在，如计算机、电视、手机等，它们都离不开控制系统。这些控制系统硬件由输入设备、主控 CPU、输出设备三大部分组成。这些硬件需要通过编写程序才能成为一个实用的智能产品，编程语言是实现人机交流的一种方式，如 C 语言、Java、Python 等。

相较于其他语言，使用 Python 编写的程序看起来更简洁，更便于阅读、调试和扩展。Python 语言应用非常广泛，游戏、Web 应用程序、数据处理、硬件控制等工作几乎都可以用它来完成。

硬件控制设备包括输入设备和输出设备。输入设备主要包括按键、开关、传感器。输出设备主要有显示器件（包括指示灯、数码管、LED 点阵、液晶块、液晶屏等）和执行机构（继电器、电动机、阀门等）。本书选取其中较为简单、易学的设备进行编程控制，旨在学习和掌握基本的控制过程和方法。先学习指示灯编程控制，再学习使用按键、开关等输入设备编程控制，进而学习如何编程控制一个较完整的电气系统。学习过程由易到难、循序渐进，如项目 15 学习点亮单个指示灯，项目 16 学习单个指示灯多种控制，项目 19 学习多个指示灯多种编程控制，项目 23 学习电动机编程控制，项目 26 学习舵机的编程控制。

本书由麻城市第六初级中学刘洋、深圳市华朗学校任昱凤、红安县超翼机器人创客中心田华任主编；由麻城市博达学校方刚、涂娟，麻城市翰程培优学校夏丹，无锡科技职业学院龚运新任副主编。

本书在编写过程中得到一线教师的很多帮助，在此表示感谢！恳请读者对本书给予意见和建议，我们一定努力修正，不断完善！

需要书中配套材料包的读者可发送邮件至 33597123@qq.com 咨询。

编　者

2024 年 6 月

目
录

项目 15　点亮 LED 灯

本项目以 Arduino 开源系统作为智能终端，通过分别点亮板载 LED 和模块 LED，学习使用电平输出控制 LED 灯的方法，探究编写代码实现 LED 灯的多种点亮方法。

通过实践操作，初步认识和使用 Arduino 开源系统，掌握在 Mind+ 中编写 Python 代码进行硬件控制的方法，学习 Arduino 开发板和模块 LED 的连接方法，了解 LED 指示灯的工作原理。

任务 15.1　点亮板载 LED 灯

板载 LED 灯指的是主板上的 D13 引脚信号指示灯。本任务通过编写程序实现该指示灯亮 1 秒，灭 1 秒。

1. 硬件准备

Arduino 是一个开放源码电子原型平台，拥有灵活、易用的硬件和软件，可以接收来自各种传感器的输入信号，从而监测环境，还可以控制光源、电机以及其他执行器。Arduino 主板外观和布局如图 15-1 所示。

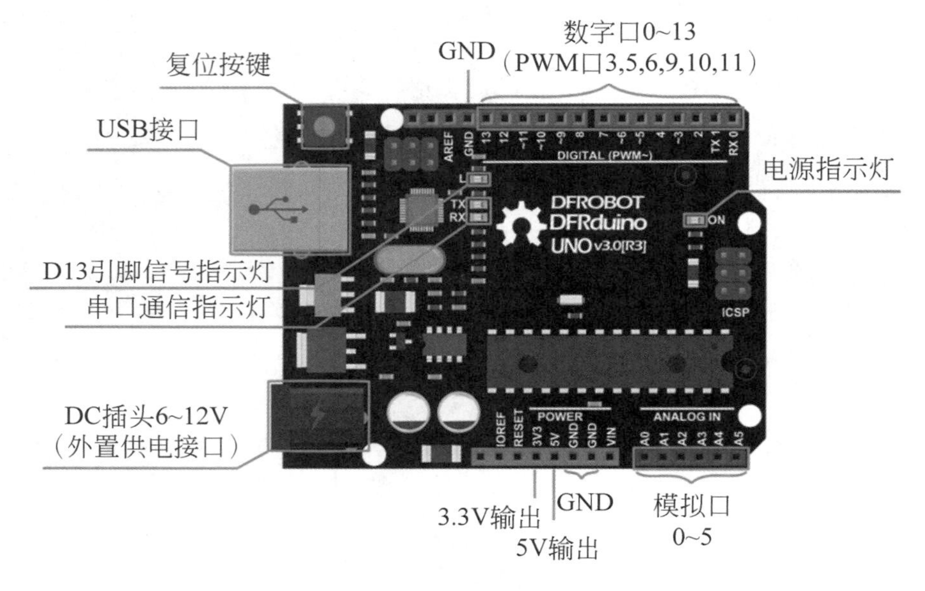

图 15-1　Arduino 主板外观和布局

除了主板以外，开源系统还包含其他硬件，如 LED 灯模块、电机模块、语音模块等。主板连接不同的硬件模块，可以完成相应的控制。点亮板载 LED 灯不需要其他外接设备，只需要一块主板和一根数据线。

2. 软件准备

Mind+ 是一款基于 Scratch 3.0 开发的青少年编程软件，支持 Arduino、

Micro:bit、掌控板等各种开源硬件，只需要拖动图形化程序块即可完成编程，还可以使用 Python/C/C++ 等高级编程语言。

在 Mind+ 软件中，需要手动创建项目文件、Python 文件并安装一些库文件以便编写程序。项目文件对应所作的项目，程序文件中存储的是编写的 Python 代码。一个项目文件中可以有一个或多个 Python 程序文件。具体操作流程包括创建项目文件、创建 Python 文件和安装 pinpong 库。

（1）创建新项目。

双击 Mind+ 软件图标，打开软件，进入“Python 模式”，选择“代码”编程，如图 15-2 所示。打开软件即新建了一个项目。

图 15-2　Python 模式界面

（2）新建文件。

在如图 15-2 所示的界面中单击“项目中的文件”后面的“新建文件”按钮，在弹出的对话框中输入文件名，如图 15-3 所示。单击空白处，完成新建文件，双击文件名即可进入代码编写，如图 15-4 所示。

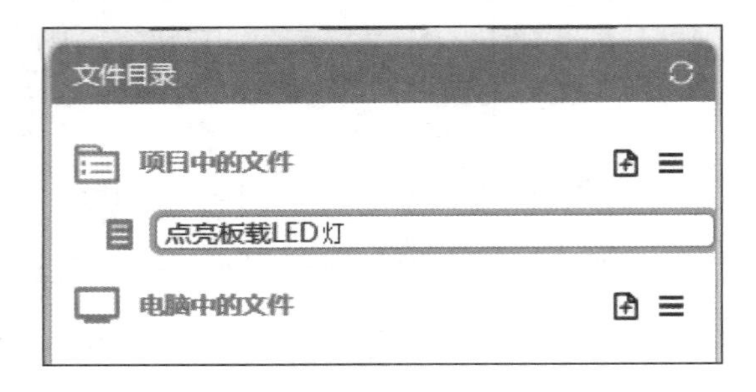

图 15-3　新建文件“点亮板载 LED 灯”

图 15-4　开始编写程序

3. 代码编写

从第一行开始编写代码。单击行号 1 后面的空白处，输入代码。尝试在代码区逐行输入代码，完整的代码如图 15-5 所示。

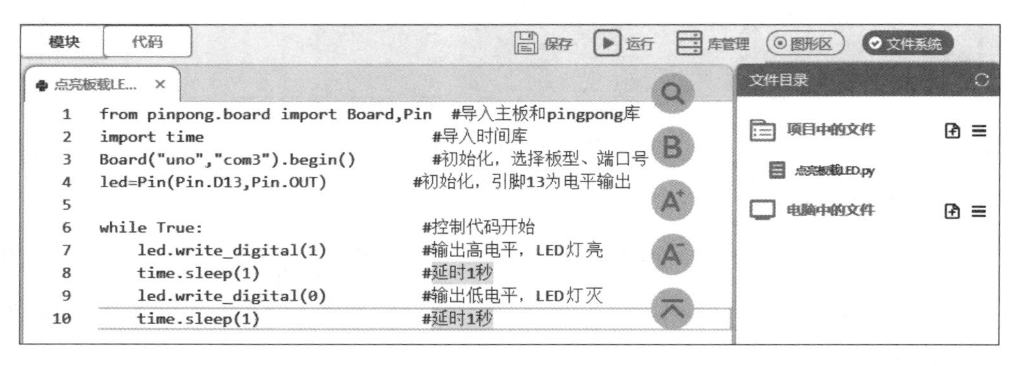

图 15-5　完整的代码

（1）导入库。

使用 Python 语言绘图时，需要首先导入 turtle 库。与之相似的是，控制硬件时也需要导入 pingpong 库和时间库等。格式参照图 15-5 中第 1 行和第 2 行代码。

（2）初始化。

初始化包括主控板的板型和端口号，要使用的引脚号和功能，有时候还需要对硬件和变量进行初始化。

图 15-5 中的第 3 行代码是主板和端口号的初始化。uno 是 Arduino 主板，com3 是通信端口。

第 4 行代码中的数字输出是 Arduino 主控板对元件的控制方式之一。它向输出电路传送数字信号 0 或 1。0 意味着输出低电平，电路不会接通；1 则是指输出高电平，电路接通。

（3）循环体。

编写代码时需注意字母的大小写，双引号、下画线、小括号等特殊符号和其他标点符号需在英文模式下输入。

将 13 号引脚的数字输出设为高，与其连接的板载 LED 灯便会被点亮。经过 1 秒的延时（延时过程中，硬件保持延时开始时的状态，直到设定的时间结束），数字输出变为低，灯就会熄灭，之后保持熄灭状态 1 秒，如此循环。

4. 代码的调试和运行

代码输入完成，首先检查语法有没有错误，使用通信线硬件主板连接至计算机 USB 端口，单击代码区上方的“运行”按钮，即可运行程序。

（1）代码出错。如果代码有错误，或者通信没有连接，会在代码区下方的输出栏中显示错误信息，错误代码以红色波浪线画出。仔细阅读错误提示，修改完成后，再次单击“运行”按钮，直至没有错误，代码可以正常运行。

如图 15-6 所示，第 1 行代码出现错误，从输出栏的信息中可以知道，错误原因是不能导入名为 board 的主板。检查发现该字母书写错误，首字母应大写，应改为 Board。

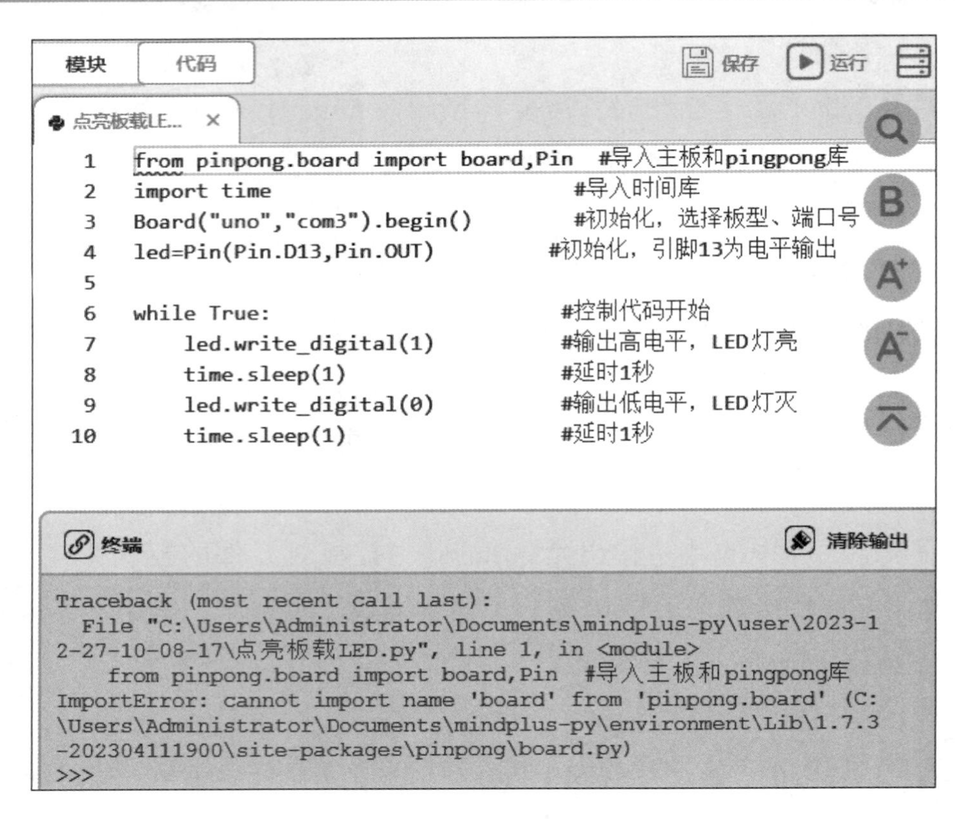

图 15-6　代码出错

（2）代码正常运行。再次单击“运行”按钮，代码可以正常运行，如图 15-7 所示。此时，软件中“开始”按钮变为“停止”按钮，观察主控板，可以看到，板载 LED 灯在熄灭 1 秒后又重新亮了起来，1 秒后又熄灭，如此循环。

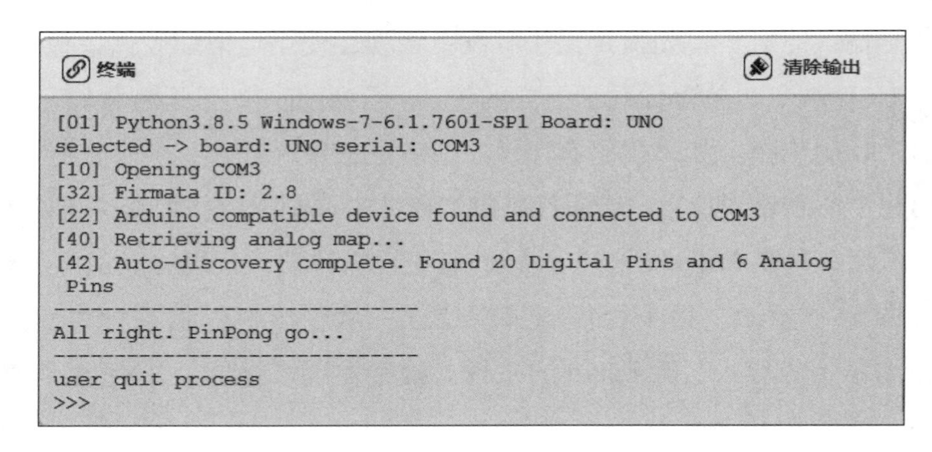

图 15-7　代码执行

这样，就完成了本次点亮板载 LED 灯的任务。单击“停止”按钮即可终止代码执行，板载 LED 灯停止闪烁，并保持停止前的状态。

在菜单栏中选择“项目”→“保存项目”命令，在弹出的窗口中选择保存位置，输入文件名，单击“保存”按钮即可完成项目保存。

任务 15.2　点亮 LED 灯模块（单色）

LED 小集成模块是将电阻和 LED 用一块小的印制电路板（PCB）集成在一起，该板有 3 个引脚：一个引脚连接地（黑色线），一个引脚连接电源正极（红色线），一个引脚连接信号 D（绿色线），小模块上都有标注。按图 15-8 正确连接主板和 LED 灯模块。因为只控制 1 个 LED，所以接线较简单，可以不需要面包板，直接按图连线即可。

本项目使用主板上标注的 10 号引脚输出电平信号控制 LED 灯按不同的方式闪烁，从而巩固数字输出引脚的控制方法，包括硬件连接和代码编写。

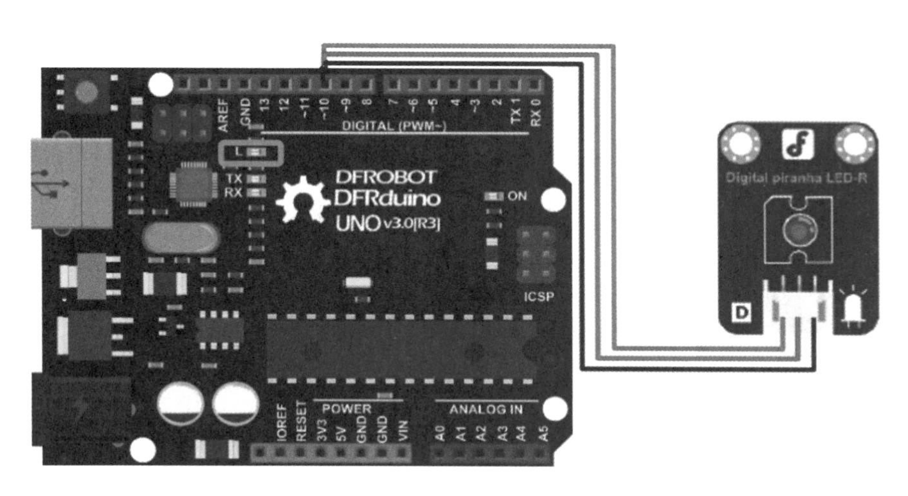

图 15-8　“点亮 LED 灯模块”的连接图

1. 每秒闪烁

按任务 15.1 中的方法新建文件，并命名为“点亮模块 LED 灯”，双击文件名进入代码编写界面。控制代码与任务 15.1 的代码相似，只需要将

D13 改为 D10 即可，如图 15-9 所示。

```
点亮板载LE...    点亮模块LE...
1  from pinpong.board import Board,Pin  #导入主板和pingpong库
2  import time                          #导入时间库
3  Board("uno","com3").begin()          #初始化，选择板型、端口号
4  led=Pin(Pin.D10,Pin.OUT)             #初始化，引脚10为电平输出
5
6  while True:                          #控制代码开始
7      led.write_digital(1)             #输出高电平，LED 灯亮
8      time.sleep(1)                    #延时1秒
9      led.write_digital(0)             #输出低电平，LED 灯灭
10     time.sleep(1)                    #延时1秒
```

图 15-9　点亮模块 LED 灯的代码

连接控制主板，单击“运行”按钮，观察运行结果，可以看到模块上的 LED 灯被点亮，并且每秒闪烁一次。

主板上标注的 0~13 号引脚都可以设置为电平输出，不过引脚 0 和 1 一般用作通信信号连接，不用于电平信号。因此，这里使用了引脚 10，也可以使用其他引脚号，只是程序代码要与引脚号一致。

2. 越闪越快

每秒闪烁一次的实现方式是，灯亮，保持 1 秒（延时）；灯灭，保持 1 秒（延时）。可见，保持时间决定了闪烁的快慢。也就是说，保持时间越短，闪烁得越快。

（1）顺序结构。

每次闪烁，延时时间是变化的。第一次保持 1 秒，第二次保持 0.8 秒，第三次保持 0.6 秒，如此循环，就能越闪越快。控制闪烁的代码需要重复多次，再修改时间，如图 15-10 所示。

按照顺序控制的思路，多次重复代码，并依次修改每次闪烁的时间，代码会很冗长。

（2）循环结构。

使用简便可行的方法实现上述控制，如图 15-11 所示。程序使用了条件循环结构，循环条件是 $i>0.1$。

```
越闪越快分...
1   from pinpong.board import Board,Pin   #导入主板和pingpong库
2   import time                          #导入时间库
3   Board("uno","com3").begin()          #初始化，选择板型、端口号
4   led=Pin(Pin.D10,Pin.OUT)            #初始化，引脚10为电平输出
5
6   while True:                          #控制代码开始
7       led.write_digital(1)             #输出高电平，LED灯亮
8       time.sleep(1)                    #延时
9       led.write_digital(0)             #输出低电平，LED灯灭
10      time.sleep(0.1)                    #延时
11
12      led.write_digital(1)             #重复
13      time.sleep(0.8)
14      led.write_digital(0)
15      time.sleep(0.1)
16
17      led.write_digital(1)
18      time.sleep(0.5)
19      led.write_digital(0)
```

图 15-10 越闪越快（顺序结构）

```
越闪越快.py
1   from pinpong.board import Board,Pin   #导入主板和pingpong库
2   import time                          #导入时间库
3   Board("uno","com3").begin()          #初始化，选择板型、端口号
4   led=Pin(Pin.D10,Pin.OUT)            #初始化，引脚10为电平输出
5   i=1                                  #时间变量i赋初值1
6   while i>0.1:                         #控制代码开始
7       led.write_digital(1)             #输出高电平，LED 灯亮
8       time.sleep(i)                    #延时i秒
9       led.write_digital(0)             #输出低电平，LED 灯灭
10      time.sleep(i)                    #延时i秒
11      i-=0.1
```

图 15-11 越闪越快（循环结构）

根据之前学习过的 Python 编程知识理解这个循环结构，理解变量 i 的作用，思考条件为什么是“$i>0.1$”，用自己的话解释程序执行过程。

用于延时的参数不是固定的数值，而是变量，并在程序初始化中为此变量赋初值。每次循环结束 i 的值减去 0.1，即变快了 0.1 秒。那么，在程序执行过程中，每次循环时 i 的值分别是 1，0.9，0.8，0.7，0.6⋯，直到 i 的值减到 0.1，循环条件不满足，结束循环。

完成图 15-11 的代码编写，连接硬件至计算机端口，单击“运行”按钮，运行此程序。可以看到，LED 灯点亮，并且越闪越快，最终停止闪烁。

任务 15.3　扩展阅读：LED 发光的秘密

发光二极管（Light Emitting Diode，LED）是一种将电信号转化为光信号的半导体器件，且具备二极管的电子特性。

为什么输出高电平时 LED 就会发光，输出低电平时 LED 就停止发光？LED 内部隐藏着什么样的秘密，让它具备如此神奇的功能。

1. 工作原理

发光二极管的核心部分是由 P 型半导体和 N 型半导体组成的晶片，在 P 型半导体和 N 型半导体之间有一个过渡层，称为 PN 结。在某些半导体材料的 PN 结中，注入的少数载流子与多数载流子复合时，会把多余的能量以光的形式释放出来，从而把电能直接转换为光能。PN 结加反向电压，少数载流子难以注入，故不发光。

2. 分类

发光二极管按结构封装可以分为贴片式和直插式。

改变电流可以变色，发光二极管方便地通过化学修饰方法，调整材料的能带结构和带隙，实现红、黄、绿、蓝、橙多色发光，如小电流时为红色的 LED，随着电流的增加，可以依次变为橙色、黄色，最后为绿色。

1998 年，利用红、绿、蓝 3 种 LED 制成白光 LED，是进入照明领域的里程碑事件。此外，还可以按照光照角度分为高指向型、标准型、散射型。

3. LED 电路应用

一般发光二极管压降为 2V 左右，标称工作电流为 5~20mA，过流则会损坏，所以使用 LED 时都需要加一个限流电阻，起保护二极管和提供电流的作用，如图 15-12 所示。

限流电阻的阻值计算：$R>(U-2\text{V})/20\text{mA}$。注意：发光二极管的灯光是线性的，实际上几十微安的电流就可以点亮 LED 灯，在对亮度没有特殊要求的场合，如仅作指示灯用，出于产品功耗考虑，可以增大限流电阻，工作电流低于 5mA 没有问题，并且电流越小，LED 灯越耐用。

图 15-12　LED 灯电路应用

仔细观察，任务中使用的 LED 灯模块也是依据这个原理设计出来的。该电路组成一个简单回路，电阻一端接电源正极，一端接 LED 灯正极，LED 灯另一端接电源负极，电路中的电流从电源流出，经电阻和 LED 灯到电源负极，形成一个完整回路。

4. LED 灯的应用场景

发光二极管具有节能、体积小、抗震性好、环保、寿命长、光色多样、响应等优点，广泛应用于照明、汽车、交通、广告牌、仪表指示灯等领域。图 15-13~图 15-19 是一些常见的应用场景，经过人们的组合与创新，LED 灯让世界更加明亮多彩！

图 15-13　建筑物照明

图 15-14　景观照明

图 15-15　标识和指示性照明

图 15-16　室内灯光照明

图 15-17　舞台灯光

图 15-18　全彩超级显示屏

图 15-19　车辆指示灯

LED 行业如果能在显示屏方面取得突破性的技术进步，进一步降低成本，从而进军更加广阔的市场，扩大用户群体，未来将获得更大的发展动力。

任务 15.4　总结与评价

（1）展示程序运行结果，叙述各任务的编程思路和编程过程。

（2）思考：

① 根据图 15-11 中的程序，能推算出 LED 灯一共闪烁了多少次吗？

② 修改 LED 灯灭时的延时时间为固定数值，如 0.1，观察运行结果。

（3）项目 15 已完成，在表 15-1 中画☆，最多画 3 个☆。

表 15-1　项目 15 评价表

评 价 描 述	评 价 结 果
我能描述对硬件控制的认识，并与同学交流	
我会使用通信线将主板连接到计算机	
我能完成任务 15.1 的硬件连接和代码，并测试成功	
我能完成任务 15.2 的电路搭建和代码，并测试成功	
我能做到遇到问题或困难时，主动寻求解决办法	

项目 16　花样 LED 灯

单色 LED 灯只能发出一种颜色的光，双色、三色以及多色 LED 灯则可以发出多种颜色的光，看起来更多彩绚丽。

点亮 LED 灯的方式有很多种，本项目学习按照指定的次数点亮 LED 灯，以及模拟求救信号 SOS 的点亮方式。所需硬件与项目 15 相同，这里不再重复介绍。

任务 16.1　闪烁 100 次的 LED 灯

要点亮 100 次 LED 灯要使用循环结构，for 循环或者 while 循环都可以轻松实现。使用 for 循环不需要对变量赋初值，也不需要增加循环体指令。

1. 任务描述

使用 for 循环编写程序，实现 LED 灯闪烁 100 次。

2. 任务分析

如果要让LED灯闪烁100次，编写代码是非常容易的，可是验证实际确实闪烁了 100 次，则要花费很多时间。因此，可以将循环次数设置少一些，如 10 次，或者 5 次。如果能够成功，那么 100 次，甚至更多次，只要修改参数就可以了。

3. 程序设计

程序的初始化与项目 15 相同，复制到此任务中即可，也可以按学习过的方法重新编写。使用 for 循环结构，循环次数为 5 次，循环体语句可直接复制。

4. 编写代码

打开 Mind+ 软件，新建文件，名称为“闪烁 100 次的 LED 灯”。编写的代码如图 16-1 所示。

```
闪烁100次....  ×
1   from pinpong.board import Board,Pin  #导入主板和pingpong库
2   import time                          #导入时间库
3   Board("uno","com3").begin()          #初始化，选择板型、端口号
4   led=Pin(Pin.D10,Pin.OUT)            #初始化，引脚10为电平输出
5
6   for i in range(5):                  #控制代码开始
7       led.write_digital(1)             #输出高电平，LED 灯亮
8       time.sleep(1)                    #延时1秒
9       led.write_digital(0)             #输出低电平，LED 灯灭
10      time.sleep(0.1)                    #延时0.1秒
11
```

图 16-1　闪烁 100 次的 LED 灯（for 循环）

连接硬件设备，单击“运行”按钮，观察程序执行结果。可以看到，LED 灯闪烁 5 次之后停止闪烁，程序测试成功。

思考修改程序中的哪个参数，可以改变闪烁次数？

任务 16.2　发送 SOS 信号

SOS 是全球通用的求救信号。当你身在异乡，突遇险情，SOS 求救信号或许可以救你一命，SOS 可以展开为：

① Save Our Souls（拯救大家的灵魂）；

② Save Our Ship（拯救大家的船）；

③ Send Our Succour（速来援助）；

④ Saving Of Soul（救命）。

那么，这种求救信号是如何表示的呢？摩尔斯电码（Morse code）由美国人萨缪尔·摩尔斯于 1837 年发明。它是一种时通时断的信号代码，通过不同的排列顺序来表达不同的英文字母、数字和标点符号。其中，字母 S 由 3 个短信号组成，字母 O 由 3 个长信号组成。

无线电可以用 ···———···（三短三长三短）来发送 SOS 求救信号，而利用光线求救是摩尔斯电码的应用之一。

1. 任务描述

用 LED 灯模拟摩尔斯电码中的求救信号。

2. 任务分析

所需硬件和连接方式与项目 15 相同，仍然使用主板标号 10 作为数字信号输出点。

将 LED 灯闪烁的控制，分成 3 部分。用较快的闪烁模拟短信号，闪烁 3 次即三短；用较慢的闪烁模拟长信号，闪烁 3 次即三长；再用较快的闪烁模拟短信号，闪烁 3 次即三短。

3. 程序设计思路

主板设置和项目 15 相同。用 3 段独立的 while 循环实现 3 部分的闪烁，各部分闪烁次数使用变量，各部分之间有 1 秒的延时，以便区分 3 段不同的信号。

使用 while 循环，需要对条件变量赋初值。

4. 代码编写

按以上分析和设计编写程序，如图 16-2 所示。

```
sos.py
1  from pinpong.board import Board,Pin  #导入主板和pingpong库
2  import time                           #导入时间库
3  Board("uno","com3").begin()           #初始化，选择板型、端口号
4  led=Pin(Pin.D10,Pin.OUT)             #初始化，引脚10为电平输出
5  i=1;j=1;p=1                          #变量赋初值
6  while i<=3:                          #三短
7      led.write_digital(1)
8      time.sleep(0.2)
9      led.write_digital(0)
10     time.sleep(0.2)
11     i+=1
12 time.sleep(1)                        #延时1秒
13 while j<=3:                          #三长
14     led.write_digital(1)
15     time.sleep(1)
16     led.write_digital(0)
17     time.sleep(1)
18     j=j+1
19 time.sleep(1)                        #延时1秒
20 while p<=3:                          #三短
21     led.write_digital(1)
22     time.sleep(0.2)
23     led.write_digital(0)
24     time.sleep(0.2)
25     p=p+1
```

图 16-2 SOS 代码

上传程序，单击“运行”按钮，观察程序执行结果。可以看到，模块上的 LED 灯先快速闪 3 次（S）；间隔 1 秒后，慢速闪 3 次（O）；间隔 1 秒后，快速闪 3 次（S）。

5. 理解代码

导入库和初始化部分与之前的项目并无差别，只是增加了为变量赋初始值的语句。之后的 3 个循环体是相似的，只要理解其中一个的执行过程，就可以完全理解其他程序。

以第一个“三短”循环为例，循环条件是 i<=3，*i* 的初值是 1，LED 灯每闪烁 1 次，*i* 的值增加 1。从表 16-1 中可以看出，闪烁 3 次后循环结束。

表 16-1　循环执行过程

闪烁次数	变量 *i* 的值	条 件 判 断
1	1	1<=3，结果为真
2	2	2<=3，结果为真
3	3	3<=3，结果为真
4	4	4<=3，结果为假，循环结束

还可以按如下顺序调试程序。

（1）合理地修改参数，观察程序运行结果。

（2）将自己遇到的问题与同学展开讨论，或者询问老师解决。

任务 16.3　扩展阅读：摩尔斯电码

摩尔斯电码是一种早期的数字化通信形式。不同于现代化的数字通信，摩尔斯电码只使用零和一两种状态的二进制代码，在 1838 年 1 月 8 日，艾菲尔德 · 维尔曾经展示了一种使用点和划的电报码，其实这就是摩尔斯电码的前身。

1848 年，摩尔斯电码在 Friedrich Clemens Gerke 的演变发明下，成为现代国际摩尔斯电码，并被正式用于德国的汉堡和库克斯港之间的电报通信。

1865 年，摩尔斯电码经少量修改之后被国际电报大会在巴黎标准化。最终，国际电联将其统一定名为“国际摩尔斯电码”。

“注意，所有人注意，这是大家在永远沉寂之前最后的一声呐喊！”1997 年，随着法国海军发送的最后这则消息，摩尔斯电码正式退出军用历史舞台。1999 年，摩尔斯电码从国际海事通信系统的航海领域悄然退出。

摩尔斯电码有两种“符号”是用来表示字元的，那就是画和点。画一般是 3 个点的长度；点、画之间的间隔是一个点的长度；字元之间的间隔就是 3 个点的长度；而单词之间的间隔是 7 个点的长度。完整的摩尔斯电码表如表 16-2 所示。

表 16-2　完整的摩尔斯电码表

字符	电码符号	字符	电码符号	字符	电码符号
A	·—	N	—·	1	·————
B	—···	O	———	2	··———
C	—·—·	P	·——·	3	···——
D	—··	Q	——·—	4	····—
E	·	R	·—·	5	·····
F	··—·	S	···	6	—····
G	——·	T	—	7	——···
H	····	U	··—	8	———··
I	··	V	···—	9	————·
J	·———	W	·——	0	—————
K	—·—	X	—··—	?	··——··
L	·—··	Y	—·——	/	—··—·
M	——	Z	——··	( )	—·——·—
				—	—····—
				.	·—·—·—

1909 年 8 月，美国轮船“阿拉普豪伊”号由于尾轴破裂，无法航行，就向邻近海岸和过往船只拍发了 SOS 信号。这是第一次使用这个信号。

1912 年，著名的泰坦尼克号游轮首航遇险时，发送的是 CQD（英国马可尼无线电公司决定用 CQD 作为船舶遇难信号），但因 D（—··）易与其他字母混淆，周围船只并未意识到是求救信号，没有快速救援，在快沉没时才使用的新求救信号 SOS 发报。泰坦尼克号沉没后，SOS 才被广泛接受和使用。

事实上，虽然 SOS 信号在 1906 年即已制定，但英国的无线电操作员很少使用 SOS 信号，他们更喜欢老式的 CQD 遇难信号。泰坦尼克号的无线电首席官员约翰·乔治·菲利普一直在发送 CQD 遇难信号，直到下级无线电操作员哈罗德·布莱德建议他：“发送 SOS 吧，这是新的调用信号，这也可能是你最后的机会来发送它了！”然后菲利普在传统的 CQD 求救信号中夹杂 SOS 信号。求救信号直到第二天早上才被“加州人”号收到，因为这艘船并没有人 24 小时都监听无线电信号。

任务 16.4　总结与评价

（1）展示作品，交流自己学习中的发现、疑问和收获。

（2）思考：

① 试一试，使用 while 循环实现与任务 16.1 同样的闪烁效果。

② 任务 16.2 可以使用 for 循环实现吗？将“三长”的代码修改为 for 循环代码。

（3）项目 16 已完成，在表 16-3 中画☆，最多画 3 个☆。

表 16-3　项目 16 评价表

评价描述	评价结果
会编写任务 16.1 中的 LED 灯代码，并测试成功	
会编写任务 16.2 中的 LED 灯代码，并测试成功	
经过检查和校对，能主动发现编写错误，并修正	
能对原程序做适当修改，并测试成功	

项目 17　神奇的按钮

按钮具有按下（高电平）和抬起（低电平）两种状态，默认状态为抬起。生活中的按钮可以说无处不在，遥控器、计算器、手机、计算机等各种电子设备上的按键，它们的功能与按钮一样。

本项目学习按钮模块的使用方法，编写代码通过按钮控制 LED 灯。通过学习，掌握定义引脚为电平输入的方法和读取输入信号的方法，使用循环结构编写代码实现控制要求。

任务 17.1　简单的按钮

连接按钮模块，编写代码，实现简单的按钮功能：按下按钮，LED 灯亮；松开按钮，LED 灯灭。

使用按钮控制 LED 灯的控制逻辑是，通过按钮输入的电平信号，经主板分析处理，再通过 LED 输出。主板分析处理的过程就是代码执行的过程。

1. 硬件及其连接

一个电子产品的开发过程要经历产品硬件开发和软件开发，硬件开发要进行电路原理图设计和 PCB 板图设计→ PCB 专业厂家制作 PCB →焊接电子元器件→调试产品→产品使用→小批量生产→小范围试用→产品定型→产品质检→生产许可→大批量生产→投放市场→售后服务。

学习时，硬件制作要花费一定费用，为了节约费用一般自己制作 PCB（相关制作方法这里不详述，读者可自行查阅资料），也可以用面包板和万能板自己搭建。万能板正、反两面如图 17-1 所示，器件可以直接焊接在板上，这里不详述。

图 17-1　万能板正、反两面

面包板使用接插件即可实现电路搭建，无须焊接，因此更加安全、便捷，缺点是有接触不良的现象，要注意检查和接插牢靠。下面具体介绍面包板及其使用。

（1）面包板。面包板的种类很多，结构和作用不尽相同。如图 17-2 所示的面包板外观，左右两侧标有 − 和 + 符号的为电源插孔，中间部分标有字母和数字符号的是接线端子插孔。

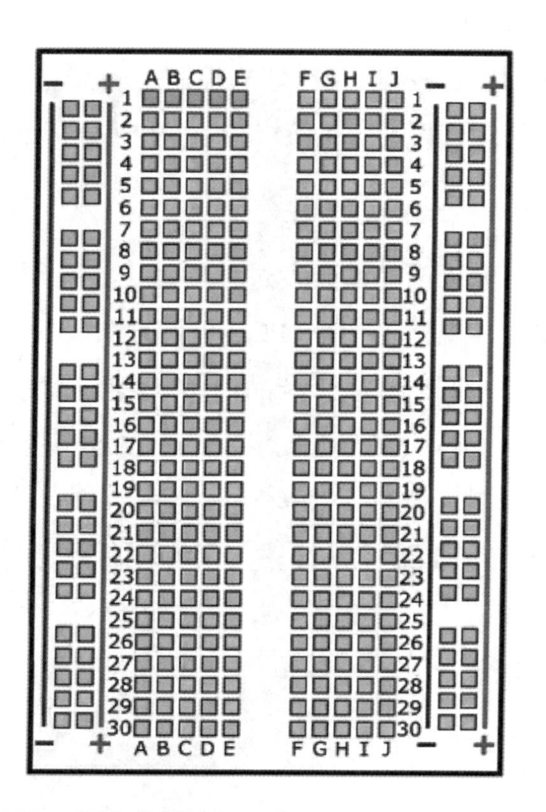

图 17-2　面包板外观

只了解外观还不够，想要了解每个插孔的使用方法，还需要了解面包板的内部结构。如图 17-3 所示，黄色线条连接起来的插孔，代表它们是连通的一组。面包板的每一个接线插孔其实是一个个金属夹子，并且是 5 个一组排列的。如 A1、B1、C1、D1、E1 这 5 个插孔是一组，电路上是相通的。而 A1 孔不与 A2、B2、C2、D2、E2 相连，也不与 F1、G1、H1、I1、J1 相连。

（2）搭建电路。选择主板上引脚 3 为按钮信号输入，引脚 10 为 LED 信号输出。这样，就可以正确使用面包板搭建电路了，读者可以自行搭建。本项目不使用面包板，而使用小集成模块。

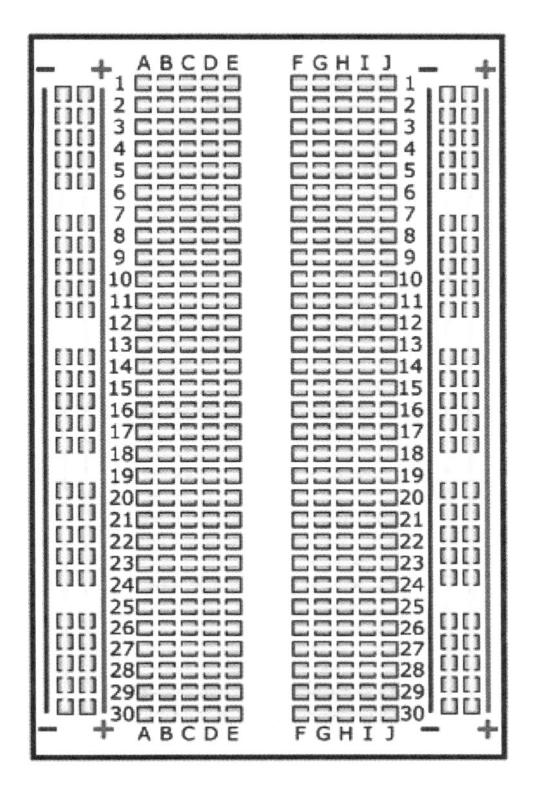

图 17-3　面包板的内部结构

图 17-4 中连接在引脚 3 上的小模块为按键，连接在引脚 10 上的小模块

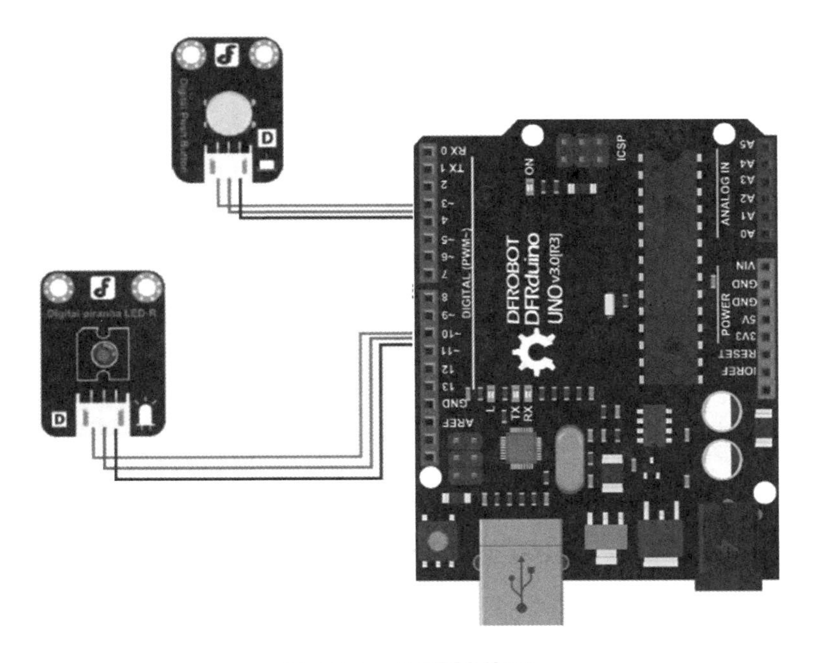

图 17-4　硬件接线图

为指示灯，将小模块摆放整齐，一一核对避免出错。各小模块有 3 个引脚：一个引脚接地（黑色线），一个引脚接电源正极（红色线），另一个引脚接信号 D（绿色线），小模块上都有标注。将按键小模块的信号线（绿色线）接主板端口 3，指示灯小模块信号线（绿色线）接主板引脚 10，接好各小模块的电源线，如图 17-4 所示。

2. 程序设计思路

本项目是将输入输出通过主板 CPU 联系在一起的项目，这是智能控制的最基本的设计思想，一个智能控制系统要有输入输出设备，还要有大脑（CPU），又称为控制设备，如图 17-5 所示。编程时先要判断输入状态，按照输入状态的情况，经过 CPU 处理后，再控制输出动作。

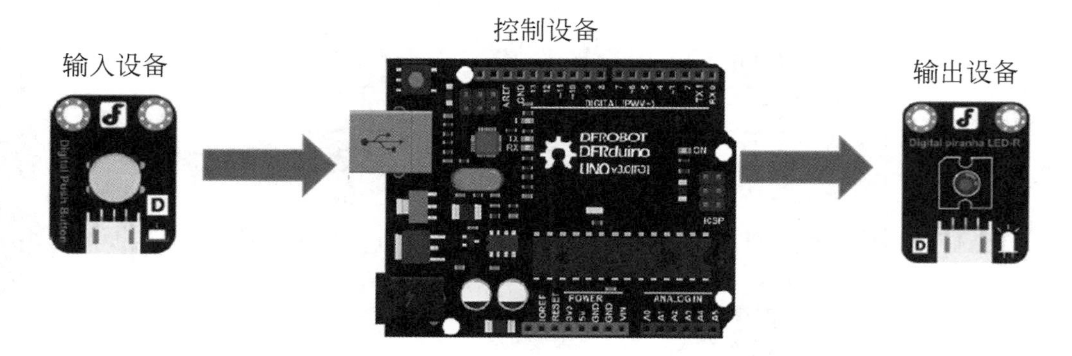

图 17-5　智能控制系统

3. 代码编写

完成硬件接线，就可以编写代码了。打开 Mind+ 软件，按之前学习的方法新建文件，并命名为“简单的按钮”。

本次任务没有延时，不需要导入时间库。LED 灯控制程序参照项目 15 中代码编写的方法编写，按照本次任务要求，编写按钮控制程序如图 17-6 所示。

注意：（1）初始化中，电平输入和电平输出的书写区别。

（2）检测按钮状态是读取输入引脚的电平，指令是 read_digital。

逐行检查代码，确认无误后，连接通信线上传至主板，单击“运行”按钮，

```
简单的按钮.py
1   from pinpong.board import Board,Pin   #导入主板和pinpong库
2   Board("uno").begin()                 #主板初始化
3   anniu=Pin(Pin.D3,Pin.IN)             #初始化，引脚3为电平输入
4   led=Pin(Pin.D10,Pin.OUT)              #引脚10为电平输出
5
6   while True:                           #循环开始
7    if(anniu.read_digital()==1):         #如果检测到按钮按下
8       led.write_digital(1)            #高电平输出，LED灯亮
9    if(anniu.read_digital()==0):         #如果检测到按钮抬起
10      led.write_digital(0)            #输出低电平，LED灯灭
```

图 17-6 编写按钮控制程序

观察运行结果。如果代码没有错误,可以发现,没有任何操作时,LED 灯不亮,相当于按钮抬起时的状态。当按下按钮时，LED 灯亮，松开时 LED 灯灭，实现了简单的按钮控制。

4. 保存项目

完成后,选择“项目”→“保存项目”命令,项目名称为“神奇的按钮”,选择保存位置，单击“保存”按钮即可。

下次需要使用该项目时可以直接打开已经保存的项目,方便查看和修改。

任务 17.2 延 时 灯

任务 17.1 实现了当按钮按下，灯亮；按钮松开，灯马上熄灭。对于有些控制场合，需要灯延长一段时间再灭，如楼道灯。下面制作一种延时灯，按下按钮，灯亮，松开按钮时，等待一段时间后灯自动熄灭。

1. 任务描述

按下按钮灯亮，松开按钮 3 秒后灯灭。

2. 任务分析

硬件接线与任务 17.1 相同，不改变引脚号。硬件和接线方法参照图 17-4。

3. 程序设计思路

最简便的方法是在任务 17.1 的基础上修改程序，在循环语句中增加延时，只需要一个判断语句就可以了。这里需要导入时间库。

4. 编写代码

按照上述思路，编写代码。打开项目“神奇的按钮”，按之前所学方法新建文件，命名为“延时灯”。复制之前的代码，再修改，代码参考如图 17-7 所示。

延时灯.py

```
1   from pinpong.board import Board,Pin    #导入主板和pinpong库
2   import time                            #导入时间库
3   Board("uno").begin()         #主板初始化
4   anniu=Pin(Pin.D3,Pin.IN)     #初始化，引脚3为电平输入
5   led=Pin(Pin.D10,Pin.OUT)        #引脚10为电平输出
6   while True:
7    if(anniu.read_digital() == 1):  #如果检测到按钮按下
8       led.write_digital(1)           #高电平输出，LED灯亮
9       time.sleep(3)                 #延时3秒
10      led.write_digital(0)           #低电平输出，LED灯灭
```

图 17-7 “延时灯”代码

连接通信电缆，单击“运行”按钮，观察程序运行结果。此时，按下按钮，LED 灯亮，松开后，LED 灯继续保持亮的状态，3 秒后自动熄灭。实现了延时灯的效果。

任务 17.3 扩展阅读：电平信号

常见的电平标准有 TTL、COMS、LVDS、ECL、RS232、RS485 等，其中包含切换速度较快的 LVDS、GTL、CMOS，每种电平的供电电压和电平标准不一样。

TTL（Transistor-Transisitor Logic，晶体管 - 晶体管逻辑）电平信号使用

得最多，通常数据表示采用二进制，+5V 等价于逻辑 1，0V 等价于逻辑 0，这被称作 TTL 信号系统，是计算机处理器控制的设备内部各部分之间通信的标准技术。

在数字电路中，由 TTL 电子元器件组成的电路就是 TTL 电路。电路的第一代是电子管，第二代是晶体管，这段时期，集成电路发展迅猛，各大厂商竞相出台自己的电平标准，导致各芯片之间的连接出现一些接口电路，这也导致额外的浪费，后来各大生产商统一了晶体管的集成电路的端口电平的范围，这就是 TTL 电平。

电平是个电压范围，规定输出高电平大于 2.4V，输出低电平小于 0.4V。在室温下，一般输出高电平是 3.5V，输出低电平是 0.2V。最小输入高电平是 2.0V，最大输入低电平是 0.8V，噪声容限是 0.4V。

任务 17.4　总结与评价

（1）展示作品，交流自己学习中的发现、疑问和收获。

（2）思考：

① 更换不同的引脚，编写程序实现按钮功能。

② 按钮控制 LED 灯有多种方式，除了本项目描述的，还有其他方式。

按下按钮，灯亮并保持，再按下按钮灯灭并保持，尝试编写程序实现这样的按钮控制方式。

（3）项目 17 已完成，在表 17-1 中画☆，最多画 3 个☆。

表 17-1　项目 17 评价表

评价描述	评价结果
能编写任务 17.1 中的代码，并测试成功	
能编写任务 17.2 中的代码，并测试成功	
经过检查和校对，能主动发现编写错误，并修正	
能对原程序做适当修改，并测试成功	

项目18 可 调 灯

生活中还有一些可以调节亮度的灯，灯光可以由暗到亮再由亮到暗逐渐变化。这样的功能被广泛地应用在手机、无线路由器上，因为亮度的变化可以发挥通知和提醒的作用。

本项目将通过两个主要任务实现可调灯的控制。首先实现可调灯的功能，熟悉和理解其控制原理和过程，进而通过一个可调旋钮控制灯光亮度变化。

本次项目除了继续巩固之前学习的内容以外，还将学习模拟量的输入和输出，以及定义函数的方法。

任务 18.1　呼　吸　灯

灯光渐渐变亮再渐渐变暗，就好像呼吸一样有节奏。因此，人们把这种灯形象地称为呼吸灯。

1. 硬件及其连接

本次任务需用的硬件有 Arduino 主板一块、LED 灯模块一个和连接线 2 根。硬件外观参照项目 15 相关内容。

（1）模拟输出。

本次任务中的 LED 使用模拟输出。数字输出只有两个数值，即 0 或 1，分别对应低电平和高电平。模拟输出是一种对模拟信号电平进行数字编码的方法，简单来说，就是通过一个时钟周期内高低电平的不同占空比来表征模拟信号，图 18-1 所示是 PWM 脉宽调制信号。

Arduino 使用 analogWrite（int value）输出 PWM 信号，其中 value 的取值范围是 0~255。

观察一下 Arduino 板，查看数字引脚，会发现其中 6 个引脚（3、5、6、9、10、11）旁标有“~”，这些引脚不同于其他引脚，因为它们可以输出 PWM 信号。

（2）搭建电路。

选择引脚 10 为模拟输出，电路较为简单，也可以使用其他 LED 灯模块，电路可参照图 15-8 搭建。

2. 编写代码

电路搭建完成，就可以编写代码了。打开 Mind+ 软件，进入 Python 模式，按照之前学习的方法新建一个 Python 文件，命名为“呼吸灯”，存储地址自定。

（1）由暗到亮。

首先编写灯光由暗变亮的过程，模拟输出从 0 到 255 逐渐增加，代码如

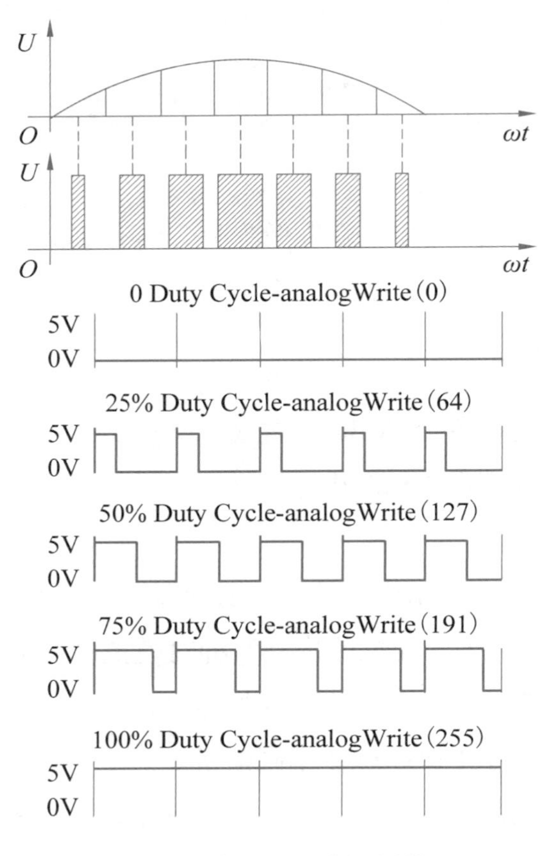

图 18-1　PWM 脉宽调制信号

图 18-2 所示。使用 LiangDu 变量，每次循环增加 1，直到不小于 255（最大值）时，循环条件不满足，停止此循环。

```
1   from pinpong.board import Board
2   from pinpong.board import Pin
3   import time
4   Board("uno","com3").begin()
5   led = Pin(Pin.D10, Pin.PWM)          #初始化，设置引脚10为模拟输出
6
7   while True:
8       LiangDu = 0                      #亮度初始值为0
9       while LiangDu <255:              #亮度值从0增加到255，灯光逐渐变亮
10          led.write_analog(LiangDu)
11          LiangDu+=1
12          time.sleep(0.01)
```

图 18-2　由暗到亮

连接通信电缆，单击“运行”按钮，观察运行结果，可以看到，LED 灯逐渐变亮。如果发现灯光闪烁不定，可稍微增加延时时间。

（2）逐渐变暗。

图 18-2 的代码只能实现由暗到亮的变化，继续编写代码，实现灯光逐渐变暗。LiangDu 变量从 255 开始，每次循环减 1，直到为 0，结束循环。

完整代码如图 18-3 所示。

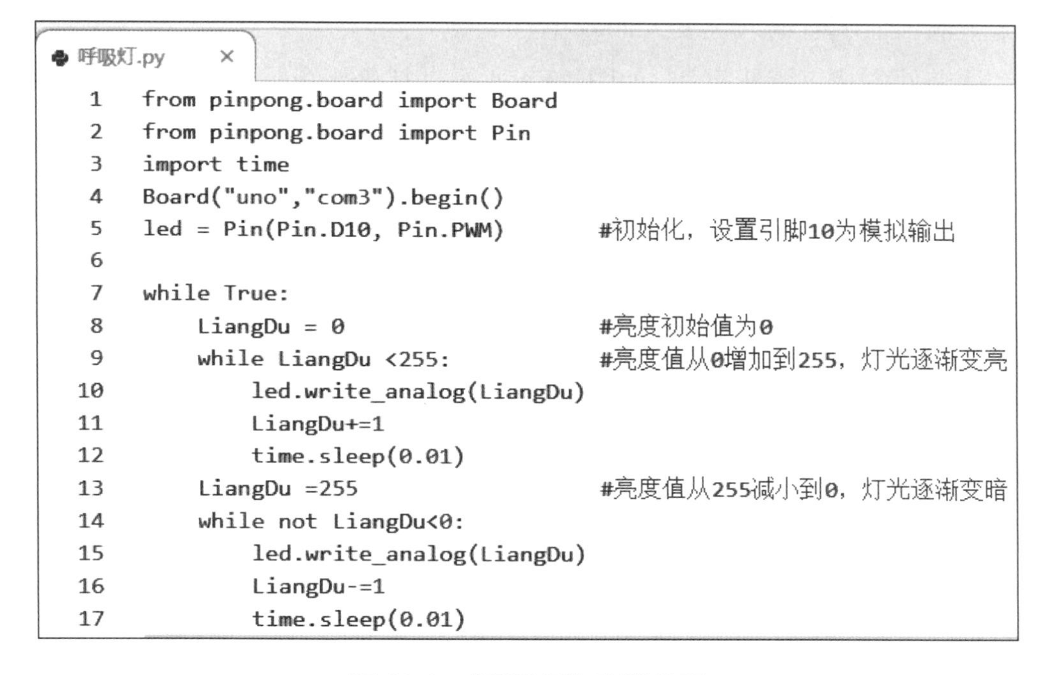

呼吸灯.py

```
1  from pinpong.board import Board
2  from pinpong.board import Pin
3  import time
4  Board("uno","com3").begin()
5  led = Pin(Pin.D10, Pin.PWM)          #初始化，设置引脚10为模拟输出
6
7  while True:
8      LiangDu = 0                      #亮度初始值为0
9      while LiangDu <255:              #亮度值从0增加到255，灯光逐渐变亮
10         led.write_analog(LiangDu)
11         LiangDu+=1
12         time.sleep(0.01)
13     LiangDu =255                     #亮度值从255减小到0，灯光逐渐变暗
14     while not LiangDu<0:
15         led.write_analog(LiangDu)
16         LiangDu-=1
17         time.sleep(0.01)
```

图 18-3　“呼吸灯”完整代码

连接主板，单击“运行”按钮，观察程序执行结果。可以看到 LED 灯逐渐变亮，又逐渐变暗，反复循环，就像呼吸一样均匀而有节奏。

任务 18.2　使用电位器调光

在任务 18.1 的基础上增加电位器旋钮。朝着一个方向转动旋钮，灯光逐渐变亮；反方向转动，灯光逐渐变暗。

1. 硬件及其连接

在连接电路之前，首先了解什么是旋钮。与按钮的作用不同，旋钮实际上是一个电位器，通过调节旋钮，可以改变接入电路的阻值大小。将其连接到主控板支持模拟输入的接口上，设计电路将电位器阻值的变化转换为电压的变化，将这个变化的电压作为模拟信号输入主控板上。主控板根据输入电压值的大小，确定输出的值（在这里，输入值大，输出值也大；或许有些程序希望输出值随着输入值变大而减小。）

从套件中找出旋钮模块，如图 18-4 所示。从外观可见，旋钮有 3 个引脚，从左到右分别是 GND（地）、VCC（电源正极）和 OUT（输出）。

图 18-4　旋钮外观

电位器小模块的输出端接主板模拟输入引脚 A2。LED 灯小模块接主板上的端口 10。“使用旋钮”硬件连接图如图 18-5 所示。

图 18-5　“使用旋钮”硬件连接图

2. 编写代码

主控板支持的模拟信号输入范围是 0~1023。然而，旋钮的模拟输出范围是 0~255。因此，需要使用函数功能进行比例转换。

（1）函数。

函数是指组织好的，可以重复使用的，并且用来实现单一，或者相关联功能的代码段。def 是一个关键字，用于定义函数，def 是英文 define 的缩写，表示创建和定义。

定义一个函数：

def 函数名（参数）:

```
    函数体
    [return 返回值 ]
```

注意：如果有多个参数，参数之间用“,”隔开。参数可以为空，但圆括号不可以省略。

综合以上，设计出模拟量转化的函数如下：

```
def 呼吸灯 (x, in_min, in_max, out_min, out_max):
  return (x - in_min) * (out_max - out_min) / (in_max - in_
  min) + out_min
```

（2）代码编写。

打开 Mind+ 软件，进入 Python 模式，编写完整代码如图 18-6 所示。编写代码时，注意语法格式和书写规范，防止出现语法错误。括号中的参数较复杂，均以“,”分隔，避免遗漏。该程序不是唯一，可以按自己思路编写。

连接通信电缆，单击“运行”按钮，运行代码。如果代码没有错误，此时来回转动旋钮，可以看到 LED 灯逐渐变亮又逐渐变暗。

```
1  # Python
2  from pinpong.board import Board
3  from pinpong.board import Pin
4  import time
5
6  def 呼吸灯(x, in_min, in_max, out_min, out_max):
7    return (x - in_min) * (out_max - out_min) / (in_max - in_min) + out_min
8
9  Board("uno","com3").begin()
10 xn = Pin(Pin.A2, Pin.ANALOG)
11 led = Pin(Pin.D10, Pin.PWM)
12 while True:
13     led.write_analog((呼吸灯(xn.read_analog(), 0, 1023, 0, 255)))
14     time.sleep(0.02)
```

图 18-6　编写完整代码

任务 18.3　扩展阅读：数字电位器

数字电位器（digital potentiometer）也称为数控可编程电阻器，是一种代替传统机械电位器（模拟电位器）的新型 CMOS 数字、模拟混合信号处理的集成电路。数字电位器由数字输入控制，产生一个模拟量的输出。依据数字电位器的不同，抽头电流最大值可以从几百微安到几毫安。数字电位器采用数控方式调节电阻值，具有使用灵活、调节精度高、无触点、低噪声、不易污损、抗振动、抗干扰、体积小、寿命长等显著优点，可在许多领域取代机械电位器。

数字电位器一般带有总线接口，可通过单片机或逻辑电路进行编程。它适合构成各种可编程模拟器件，如可编程增益放大器、可编程滤波器、可编程线性稳压电源及音调/音量控制电路，真正实现了“把模拟器件放到总线上”（即单片机通过总线控制系统的模拟功能块）这一全新设计理念。

由于数字电位器可代替机械电位器，所以二者在原理上有相似之处。数字电位器属于集成化的三端可变电阻器件。当数字电位器用作分压器时，其高端、低端、滑动端分别用 VH、VL、VW 表示；而用作可调电阻器时，分别用 RH、RL 和 RW 表示。

数字电位器的数字控制部分包括加减计数器、译码电路、保存与恢复控制电路和不挥发存储器 4 个数字电路模块。利用串入、并出的加 / 减计数器在输入脉冲和控制信号的控制下可实现加 / 减计数，计数器把累计的数据直接提供给译码电路控制开关阵列，同时也将数据传送给内部存储器保存。当外部计数脉冲信号停止或片选信号无效后，译码电路的输出端只有一个有效，于是只选择一个 MOS 管导通。

数字控制部分的存储器是一种掉电不挥发存储器，当电路掉电后再次上电时，数字电位器中仍保存着原有的控制数据，其中间抽头到两端点之间的电阻值仍是上一次的调整结果。因此，数字电位器与机械电位器的使用效果基本相同。但是由于开关的工作采用“先连接后断开”的方式，所以在输入计数有效期间，数字电位器的电阻值与期望值可能会有一定的差别，只有在调整结束后才能达到期望值。

数字电位器是一种颇具发展前景的新型电子器件，在许多领域可取代传统的机械电位器。其优点为调节精度高，无噪声，工作寿命极长，无机械磨损，数据可读写，具有配置寄存器及数据寄存器和多电平量存储功能。它广泛应用于仪器仪表、计算机及通信设备、家用电器、医疗保健产品、工业控制等领域。任何需要用电阻来进行参数调整和控制的场合，都可以使用数字电位器构成可编程模拟电路。但是在实际使用中应特别注意数字电位器的电阻调整误差，由于不同应用场合时的误差影响因素有所不同。因此在实际应用时，最好利用 A/D 转换电路对其进行精确测量，并采用单片机对其补偿。

任务 18.4　总结与评价

（1）展示作品，交流自己学习中的发现、疑问和收获。

（2）思考：同样的控制要求，每个人都可以按自己的风格编写代码，图 18-3 中的代码可以怎样修改，同样能实现呼吸灯的实验效果。

提示：修改 while 循环的判断条件。

（3）项目 18 已完成，在表 18-1 中画☆，最多画 3 个☆。

表 18-1　项目 18 评价表

评 价 描 述	评 价 结 果
能编写“呼吸灯”代码并测试成功	
能编写旋钮控制代码并测试成功	
能主动发现编写错误，并修正	
能通过思考、讨论，让程序进一步完善	

项目19 流 水 灯

LED是发光二极管的简称，流水灯就是多个LED按顺序点亮，反复循环。本项目设计8个指示灯，也可更多个，可随意设计。项目意义就是控制多个发光二极管按顺序点亮，学习多个端口编程控制技术。控制多个LED指示灯是控制常用技术，也是学习控制技术的入门项目。该项目的主要知识点就是怎样对CPU的多个输入输出端口进行编程控制。

任务 19.1　流水灯硬件拼装

如何实现 LED 流水灯，只是在单个 LED 灯的基础上增加到 8 个 LED 灯，利用 Arduino 主板上的 8 个引脚，每一个引脚控制一个 LED。

本项目使用引脚 2~9，首先进行 8 个指示灯硬件设计。

1. 流水灯 CAD 原理图设计

打开 CAD 软件，在主界面中分别可放置 ATMEGA328P-PN、8 个 LED 灯、+5V 电源、GND 各器件。器件放置完后，再放置导线，保存文件，命名为“流水灯”，设计后的电路图如图 19-1 所示。

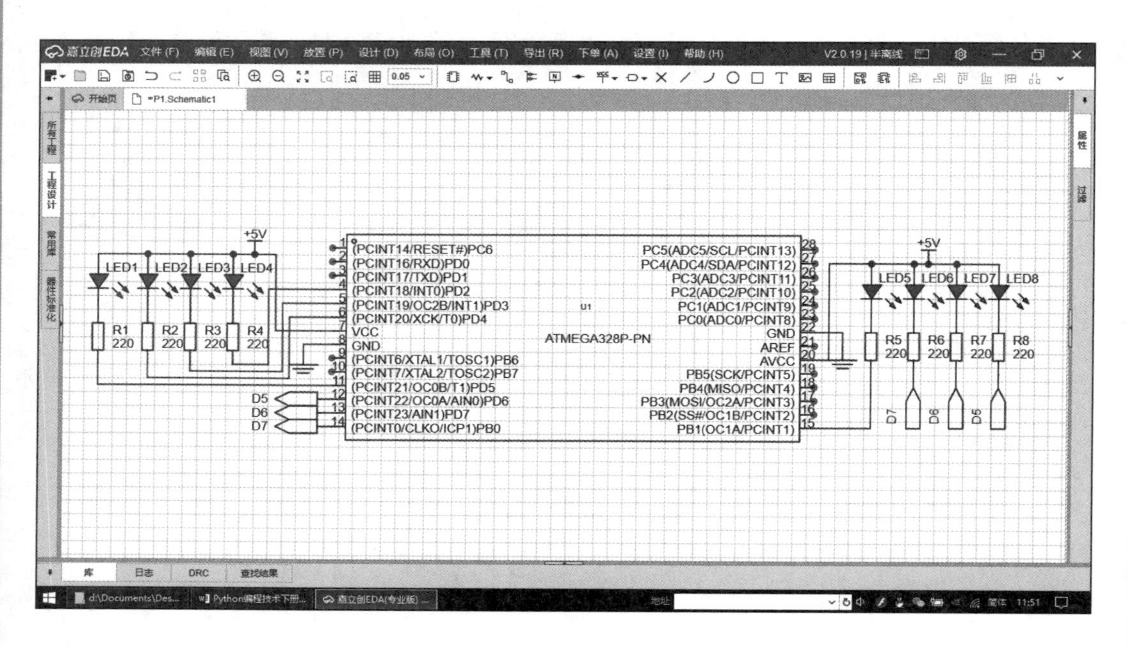

图 19-1　流水灯电路图

本项目使用 ATMEGA328P-PN 芯片，主板中标注的 2~9 对应芯片的 PD2~PD7、PB0~PB1，由于部分连线较长，软件采用放置网络端口的方法解决这一问题。放置方法如下。一是采用主菜单，二是使用工具条。使用主菜单时，选择“放置”→“网络端口”命令，在选择项目中可分别放置“输入”“输出”“双向”3 种端口，这就要根据电路功能选择放置端口类型。对于控制指示灯亮暗而言，CPU 就为“输出”端，另外一端为“输入”端，如图 19-1 所示。注意：网络端口标号要标注一致。相同网络的名字相同。

2. 硬件组装调试

设计好原理图后，一般要同时设计好印制电路板，也叫 PCB，做 PCB 有专门的厂家，价格较贵，一般用多功能面包板替代，准备好需要的器件，就可在面包板上连接电路。

（1）所需电子元件。

除主板 + 面包板外，还需 8 只 LED 灯，若干彩色面包板上的连接线，8 只 220Ω 电阻，其规格数量和外形如表 19-1 所示。

表 19-1　器件规格、数量和外形

器　件	规格	数量	外　　形
彩色连接线	—	若干	
LED	5mm	8	
电阻器	220Ω	8	

（2）硬件连接。

在项目的硬件基础上，再加 7 个发光二极管和 7 个电阻，用线连接好。数据口线为 2~9，一共 8 个端口。注意：绿色线为数字口，蓝色线为模拟口，红色线为电源（VCC），黑色线为 GND，白色线可随意搭配，使用面包板上其他孔也可以，只要元件和线的连接顺序与原理图保持一致即可。确保 LED 连接正确，LED 长脚为 +，即 VCC；短脚为 −，即 GND。完成连接后，给 Arduino 接上 USB 数据线并供电，准备下载程序。

（3）硬件调试。

制作好电路后，要对电路进行检查，一般用电压注入法，用一根导线将 2~9 一共 8 个端口连接到电源负极（地），若此时发光二极管亮，说明硬件没有问题。

任务 19.2　LED 流水灯编程控制

设计好电路图和用电子元器件制作好电路后，测试也没有问题，下一步就进行编程控制，在编程之前要对指令进行了解。

1. 指令

本次任务练习对多个引脚的数字量控制，没有新增指令，对引脚进行写入数字量（0 或 1）操作，使用 write_digital（ ）指令，延时指令以及初始化操作相关指令在之前的项目中均有学习。

2. 代码编写

主板卡上的引脚 0~13 初始状态为低电平输出（0），在设计外接控制电路时有两种设计方法：① 一般设计为低电平有效（亮），与初始一致，这样初始上电后指示灯就亮。②有些特殊电路需要设计为上电后不动作，这时外电路要设计为高电平有效。

本项目的电路是第①种设计，为了观察到指示灯点亮过程，首先对 8 个控制引脚初始化（置 1），让指示灯全部熄灭，以便后续观察运行结果。需要注意的是，这种初始化过程会出现一上电后 LED 灯闪动一下，若是控制电机，一上电后电机会振动一下，这是不允许的。

按照电路设计，使用引脚 2~9 进行控制。为方便标记，在初始化时对各引脚分别命名为 D2，D3，…，D9，单向顺序点亮即按照 D2，D3，…，D9 的顺序点亮。

初始化完成后，主循环内首先编写单个 LED 灯闪烁（引脚 2），测试成功，再复制引脚 2 控制代码，并修改引脚编号，完成全部代码编写，如图 19-2 所示。

逐行检查代码，连接 Arduino 主板，单击“运行”按钮，8 个 LED 灯按顺序点亮，并循环执行，直到单击“停止”按钮结束循环。

```
1   from pinpong.board import Board,Pin  #导入主板和pingpong库
2   import time                         #导入时间库
3   Board("uno","com3").begin()         #初始化，选择板型、端口号
4   #初始化，引脚2~9为电平输出
5   D2=Pin(Pin.D2,Pin.OUT);D3=Pin(Pin.D3,Pin.OUT)
6   D4=Pin(Pin.D4,Pin.OUT);D5=Pin(Pin.D5,Pin.OUT)
7   D6=Pin(Pin.D6,Pin.OUT);D7=Pin(Pin.D7,Pin.OUT)
8   D8=Pin(Pin.D8,Pin.OUT);D9=Pin(Pin.D9,Pin.OUT)
9   #初始化，指示灯置1全灭
10  D2.write_digital(1);D3.write_digital(1);D4.write_digital(1)
11  D5.write_digital(1);D6.write_digital(1);D7.write_digital(1)
12  D8.write_digital(1);D9.write_digital(1);
13  #顺序，控制代码开始
14  while True:
15      D2.write_digital(0); time.sleep(0.3)     #D2输出低电平，LED灯亮,延时以秒为单位计
16      D2.write_digital(1); time.sleep(0.3)     #D2输出高电平，LED灯灭,延时以秒为单位计
17      D3.write_digital(0);time.sleep(0.3)       #D3输出低电平，LED灯亮
18      D3.write_digital(1);time.sleep(0.3)
19      D4.write_digital(0);time.sleep(0.3)       #D4输出低电平，LED灯亮
20      D4.write_digital(1); time.sleep(0.3)
21      D5.write_digital(0);time.sleep(0.3)       #D5输出低电平，LED灯亮
22      D5.write_digital(1);  time.sleep(0.3)
23      D6.write_digital(0);time.sleep(0.3)        #D6输出低电平，LED灯亮
24      D6.write_digital(1);  time.sleep(0.3)
25      D7.write_digital(0); time.sleep(0.3)       #D7输出低电平，LED灯亮
26      D7.write_digital(1); time.sleep(0.3)
27      D8.write_digital(0);time.sleep(0.3)        #D8输出低电平，LED灯亮
28      D8.write_digital(1); time.sleep(0.3)
29      D9.write_digital(0); time.sleep(0.3)       #D9输出低电平，LED灯亮
30      D9.write_digital(1);time.sleep(0.3)
```

图 19-2　代码编写

3. 流水灯程序调试

程序测试不成功会有很多原因，如语法错误、操作不当、电路错误等，下面介绍几种可能的测试不成功的情况。

（1）程序上传失败。即可能同时打开了多个程序，并存在重复通信的情况，需关闭其他程序，再次连接需测试的程序。

（2）程序上传成功后，没有达到预定效果。检查主板数字标号或程序数字引脚设置是否重复或错误。本程序是用主板上的标号 2~9，程序数字引脚号也要从 2~9。

任务 19.3 扩展阅读：LED 灯带

LED 灯带是指把 LED 组装在带状的 FPC（柔性线路板）或 PCB 硬板上，因其产品形状像一条带子而得名。因为其使用寿命长（一般寿命在 8~10 万小时），又非常节能和绿色环保而逐渐在各种装饰行业中崭露头角。

1. 分类

LED 灯带常规分为柔性 LED 灯带和 LED 硬灯条两种，一般也包含用线材连接线路板上的 LED 老式灯带，如扁三线 5.3W/m、扁四线 6.58W/m、扁五线 8.65W/m 灯带等。

（1）柔性 LED 灯带是采用 FPC 做组装线路板，用贴片 LED 进行组装，使产品的厚度仅为 0.1cm，不占空间；普遍规格有 30cm 长 18 颗 LED、25 颗 LED 以及 50cm 长 15 颗 LED、25 颗 LED、30 颗 LED 等，还有 60cm、80cm 等不同的规格，并且可以随意剪断，也可以任意延长而发光不受影响。而 FPC 材质柔软，可以任意弯曲、折叠、卷绕，可在三维空间随意移动及伸缩而不会折断，适合于不规则和狭小的地方使用，也因其可以任意弯曲和卷绕，适合在广告装饰中任意组合各种图案。

（2）LED 硬灯条是用 PCB 硬板做组装线路板，LED 有用贴片 LED 进行组装的，也有用直插 LED 进行组装的，视需要不同而采用不同的元件。硬灯条的优点是比较容易固定，加工和安装都比较方便；缺点是不能随意弯曲，不适合不规则的地方。硬灯条用贴片 LED 的有 18 颗 LED、25 颗 LED、30 颗 LED、36 颗 LED、50 颗 LED 等多种规格；用直插 LED 的有 18 颗、25 颗、36 颗、58 颗等不同规格，有正面的也有侧面的，侧面发光的又叫作长城灯条。

2. 鉴别质量方式

LED 灯带市场良莠不齐，正规厂家产品和“山寨”厂家产品价格差别很大。如果从专业技术上来鉴别 LED 灯带的质量，恐怕很多人都不具备这个能力。主要可从以下几方面来鉴别 LED 灯带质量。

（1）看焊点。正规的 LED 灯带生产商生产的 LED 灯带是采用 SMT 贴片工艺，用锡膏和回流焊生产的。因此，LED 灯带上的焊点比较光滑而且焊锡量不会多，焊点呈圆弧状从 FPC 焊盘处往 LED 电极处延伸。

（2）看 FPC 质量。FPC 分敷铜和压延铜两种，敷铜板的铜箔是凸出来的，细看的话能从焊盘与 FPC 的连接处看出来。而压延铜是密切和 FPC 连为一体的，可以任意弯折而不会出现焊盘脱落现象。敷铜板如果弯折过多就会出现焊盘脱落，维修时温度过高也会造成焊盘脱落。

（3）看 LED 灯带表面的清洁度。采用 SMT 工艺生产的 LED 灯带，其表面的清洁度非常好，看不到什么杂质和污渍。采用手焊工艺生产的“山寨版”LED 灯带，其表面不管如何清洗，都会残留污渍和清洗的痕迹。

（4）看包装。正规的 LED 灯带会采用防静电卷料盘包装，5m 一卷或者是 10m 一卷，包装外面再采用防静电防潮包装袋密封。“山寨版”的 LED 灯带采用回收卷料盘，没有防静电防潮包装袋，仔细看卷料盘能看出外表有清除标签时留下的痕迹和划痕。

（5）看标签。正规的 LED 灯带包装袋和卷料盘上面都会有印刷标签，不是打印标签。

（6）看附件。正规的 LED 灯带会在包装箱里附带使用说明和灯带规格书，同时还会配备 LED 灯带连接器或者是卡座；而“山寨版”的 LED 灯带包装箱里则没有这些附件，因为这些厂家希望节省成本。

任务 19.4　总结及评价

自主评价式地展示，说一说制作单个 LED 灯闪动的全过程，包括介绍所用每个电子元器件的功能，电子 CAD 使用方法和步骤，每条指令的作用和使用方法，最终展示自己制作的流水灯作品。

（1）集体讨论

① 若输出端口高电平有效（亮）电路如何修改？提示：最好加一个反相器或三极管驱动。

② 若输出端口高电平有效（亮）程序如何修改？

（2）思考与练习

① 当硬件与程序引脚号不一致时，在电子 CAD 中将电路修改完成。

② 自己设计一种花样，编写程序并调试成功。

练习题程序参考：先读懂程序，再运行程序，再修改程序。

流水灯.py

```
1   from pinpong.board import Board,Pin  #导入主板和pingpong库
2   import time                          #导入时间库
3   Board("uno","com3").begin()          #初始化，选择板型、端口号
4   D2=Pin(Pin.D2,Pin.OUT)               #初始化，引脚2~9为电平输出
5   D3=Pin(Pin.D3,Pin.OUT)
6   D4=Pin(Pin.D4,Pin.OUT)
7   D5=Pin(Pin.D5,Pin.OUT)
8   D6=Pin(Pin.D6,Pin.OUT)
9   D7=Pin(Pin.D7,Pin.OUT)
10  D8=Pin(Pin.D8,Pin.OUT)
11  D9=Pin(Pin.D9,Pin.OUT)
12  D2.write_digital(1)                  #初始化，指示灯置1全灭
13  D3.write_digital(1)
14  D4.write_digital(1)
15  D5.write_digital(1)
16  D6.write_digital(1)
17  D7.write_digital(1)
18  D8.write_digital(1)
19  D9.write_digital(1)
20  for i in range(1):                    #顺序，控制代码开始
21      D2.write_digital(0)              #D2输出低电平，LED 灯亮
22      time.sleep(0.3)
23      D2.write_digital(1)
24      time.sleep(0.3)
25      D3.write_digital(0)              #D3输出低电平，LED 灯亮
26      time.sleep(0.3)
27      D3.write_digital(1)
28      time.sleep(0.3)
29      D4.write_digital(0)              #D4输出低电平，LED 灯亮
```

```
30        time.sleep(0.3)
31        D4.write_digital(1)
32        time.sleep(0.3)
33        D5.write_digital(0)           #D5输出低电平，LED灯亮
34        time.sleep(0.3)
35        D5.write_digital(1)
36        time.sleep(0.3)
37        D6.write_digital(0)            #D6输出低电平，LED灯亮
38        time.sleep(0.3)
39        D6.write_digital(1)
40        time.sleep(0.3)
41        D7.write_digital(0)            #D7输出低电平，LED灯亮
42        time.sleep(0.3)
43        D7.write_digital(1)
44        time.sleep(0.3)
45        D8.write_digital(0)            #D8输出低电平，LED灯亮
46        time.sleep(0.3)
47        D8.write_digital(1)
48        time.sleep(0.3)
49        D9.write_digital(0)            #D9输出高电平，LED灯亮
50        time.sleep(0.3)
51        D9.write_digital(1)
52        time.sleep(0.3)
53    for i in range(1):                    #两边向中间，控制代码开始
54        D2.write_digital(0)              #D2,D9输出低电平，LED灯亮
55        D9.write_digital(0)
56        time.sleep(0.3)
57        D2.write_digital(1)
58        D9.write_digital(1)
59        time.sleep(0.3)
60        D3.write_digital(0)              #D3,D8输出低电平，LED灯亮
61        D8.write_digital(0)
62        time.sleep(0.3)
63        D3.write_digital(1)
64        D8.write_digital(1)
65        time.sleep(0.3)
66        D4.write_digital(0)              #D4,D7输出低电平，LED灯亮
67        D7.write_digital(0)
68        time.sleep(0.3)
69        D4.write_digital(1)
70        D7.write_digital(1)
71        time.sleep(0.3)
72        D5.write_digital(0)              #D5,D6输出低电平，LED灯亮
73        D6.write_digital(0)
74        time.sleep(0.3)
```

```
75        D5.write_digital(1)
76        D6.write_digital(1)
77        time.sleep(0.3)
78    for i in range(1):                          #中间向两边，控制代码开始
79        D5.write_digital(0)                     #D5,D6输出低电平，LED灯亮
80        D6.write_digital(0)
81        time.sleep(0.3)
82        D5.write_digital(1)
83        D6.write_digital(1)
84        time.sleep(0.3)
85        D4.write_digital(0)                     #D4,D7输出低电平，LED灯亮
86        D7.write_digital(0)
87        time.sleep(0.3)
88        D4.write_digital(1)
89        D7.write_digital(1)
90        time.sleep(0.3)
91        D3.write_digital(0)                     #D3,D8输出低电平，LED灯亮
92        D8.write_digital(0)
93        time.sleep(0.3)
94        D3.write_digital(1)
95        D8.write_digital(1)
96        time.sleep(0.3)
97        D2.write_digital(0)                     #D2,D9输出低电平，LED灯亮
98        D9.write_digital(0)
99        time.sleep(0.3)
100       D2.write_digital(1)
101       D9.write_digital(1)
102       time.sleep(0.3)
```

（3）项目 19 已完成，在表 19-2 中画☆，最多画 3 个☆。

表 19-2　项目 19 评价表

评价描述	评价结果
会使用电子 CAD 完成本次项目电路设计和绘制	
能编写流水灯 LED 并测试成功	
能说出端口高电平有效和低电平有效在控制上的不同	
能自己设计出其他 LED 点亮方式	

项目 20 交通信号灯

交通信号灯就是用多个 LED 灯模拟十字路口红绿灯的运行状态。本项目设计 6 个指示灯，实际应该是 12 个指示灯（4 个路口，一个路口 3 个，共计 12 个），但是相对的两组信号灯原理相同，只需用 6 个端口控制即可。

本项目的意义就是控制多个发光二极管按实际要求点亮，主要知识点是理解红绿灯工作过程和控制方法，学习使用 CPU 输出端口模拟红绿灯。本次项目没有新增编程指令，需综合运用之前学习过的指令和方法。

任务 20.1　交通信号灯硬件

本项目用 6 个 LED 灯实现交通信号灯模拟，用 ATMEGA328P-PN 单片机 6 个输出端口，接 6 个 LED 灯，再编程控制 6 个指示灯按要求亮和灭。

1. 交通信号灯 CAD 原理图设计

打开 CAD 软件，在主界面中分别可放置 ATMEGA328P-PN、6 个 LED、6 个 220Ω 电阻、+5V 电源、GND 各器件。器件放置完后，再放置导线，保存文件，命名为 508，设计后的原理图如图 20-1 所示。

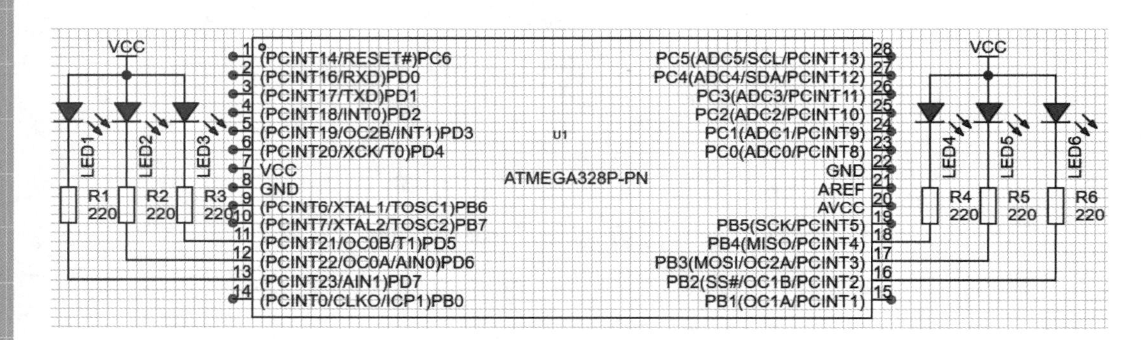

图 20-1　交通信号灯原理图

2. 硬件组装调试

根据原理图，选择所需电子元件和导线，使用面包板搭建电路。

（1）所需电子元件。

除主板 + 面包板外，还需 6 只 LED 灯，若干彩色面包板上的连接线，6 只 220Ω 电阻，其规格、数量和外形如表 20-1 所示。

表 20-1　器件规格、数量和外形

器　件	规格	数量	外　形
彩色连接线	—	若干	
红灯、绿灯、黄灯	5mm	各 2 个	
电阻	220Ω	6 只	

（2）硬件连接。

在项目 15 的基础上多接 5 个 LED 灯，共计 6 个 LED 灯，其中 2 个红色灯、2 个绿色灯、2 个黄色灯，可在图 20-2 的基础上修改。本项目使用主板标号的 5~7 为一组，10~12 为一组。

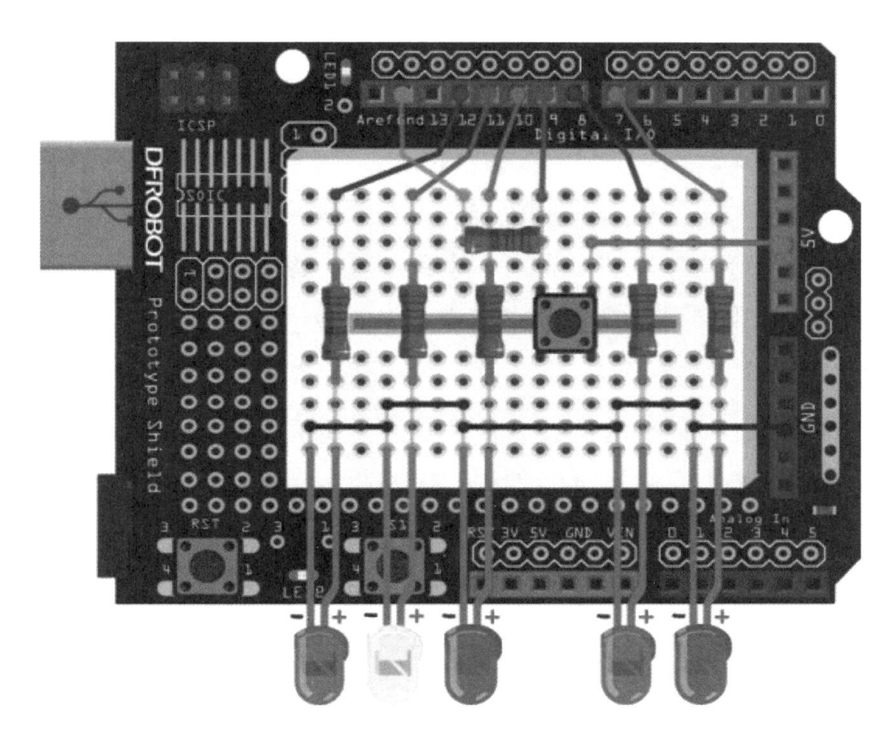

图 20-2　交通信号灯

用绿色与黑色的杜邦线连接元件（绿色为数字口，蓝色为模拟口，红色为电源 VCC，黑色为 GND，白色可随意搭配），使用面包板上其他孔也可以，只要元件和线的连接顺序与图 20-2 保持一致即可。确保 LED 连接是正确的，LED 长脚为 +，即 VCC；短脚为 −，即 GND。完成连接后，给 Arduino 接上 USB 数据线，准备下载程序。

（3）硬件调试。

制作好电路后，要对电路进行检查，检查时用电压方法，一般方法是在关键点注入电压，有时用高电平，有时用低电平。本项目用一根导线分别将主板标号的 5、6、7、10、11、12 号插孔并直接接低电平（电源），若此时发光二极管亮，说明电路没有问题。

任务 20.2 交通信号灯编程控制

设计电路图，并用电子元器件制作好电路，硬件调试也没有发现问题，下一步就要厘清编程思路，编写控制代码。

1. 编程思路

本程序比前面几个项目要复杂一些。对于较复杂的程序，在编写程序之前一般要对程序做整体规划，先写一个程序流程图，有时还要作出逻辑关系图，再开始编写程序。该项目的逻辑关系表如表 20-2 所示。从表 20-2 可见 6 个灯的工作时序，一个循环以后，就进入反复循环，一直工作。程序编写时，先控制一个方向，另一个方向改一下逻辑顺序即可，这样编程控制只要编好一个方向即可，X 方向或 Y 方向均行。6 个灯就减少到一个方向三个灯的编程控制，这样就将问题简化了，使编程更容易，这就是程序中由繁变简的方法。

表 20-2 逻辑关系表

灯	30s	3s	30s	3s
X 轴红灯	亮	灭	灭	灭
X 轴黄灯	灭	闪动 3 次	灭	闪动 3 次
X 轴绿灯	灭	灭	亮	灭
Y 轴红灯	灭	灭	亮	灭
Y 轴黄灯	灭	闪动 3 次	灭	闪动 3 次
Y 轴绿灯	亮	灭	灭	灭

2. 代码编写

打开 Mind+ 软件，先以南北方向的交通灯为例编写程序，需要 3 个指示灯，即绿灯、黄灯和红灯。为了节约时间，在程序测试的时候可以缩短等待时间。

设计单次循环的动作顺序是绿灯亮 10 秒，黄灯闪烁 3 次，红灯亮 5 秒，黄灯闪烁 3 次。照此循环，直到单击“停止”按钮。

（1）黄灯闪烁的控制。

红灯和绿灯状态切换时，多次需要黄灯闪烁。这种情况使用 def 函数，可以减少代码重复，增加程序可读性和维护性。

将黄灯闪烁 3 次创建为功能函数，使用时直接调用函数名即可。函数主体非常简单，在 def 函数内部嵌入 1 个 for 循环，用于执行黄灯闪烁 3 次，因此相应的 def 函数格式如下：

```
def 函数名( ):
    for 循环:
        for 循环体代码
```

编写代码时，应注意代码行的正确缩进，否则会出现语法错误。

将这个 for 循环嵌入函数内部作为函数体，就可以完成黄灯闪烁函数的编写。将函数功能命名为 shanshuo，参考代码如图 20-3 所示。

```
1   from pinpong.board import Board,Pin          #导入库
2   import time
3   Board('uno','com3').begin()                 #初始化板卡、端口
4   green=Pin(Pin.D5,Pin.OUT)                   #初始化引脚，引脚5为绿灯
5   yellow=Pin(Pin.D6,Pin.OUT)                   #引脚6为黄灯
6   red=Pin(Pin.D7,Pin.OUT)                      #引脚7为红灯
7   #黄灯闪烁函数
8   def shanshuo():
9           for i in range (3):
10              yellow.write_digital(1);time.sleep(0.5)
11              yellow.write_digital(0);time.sleep(0.5)
```

图 20-3 创建“黄灯闪烁”函数

循环主体代码用于信号灯状态控制，需要黄灯闪烁时，直接调用函数即可实现，省去了代码的重复编写。完整的控制程序如图 20-4 所示。

（2）运行程序。

连接主板至计算机，单击“运行”按钮，观察运行结果。可以看到绿灯持续亮 10 秒后，黄灯闪烁 3 次，红灯亮 5 秒后，黄灯闪烁 3 次，如此反复。如果发现问题，需检查和修改程序，反复测试，直到调试出正确的运行结果。

```
1   from pinpong.board import Board,Pin         #导入库
2   import time
3   Board('uno','com3').begin()                 #初始化板卡、端口
4   green=Pin(Pin.D5,Pin.OUT)                   #初始化引脚，引脚5为绿灯
5   yellow=Pin(Pin.D6,Pin.OUT)                  #引脚6为黄灯
6   red=Pin(Pin.D7,Pin.OUT)                     #引脚7为红灯
7   #黄灯闪烁函数
8   def shanshuo():
9           for i in range (3):
10              yellow.write_digital(1);time.sleep(0.5)
11              yellow.write_digital(0);time.sleep(0.5)
12  #循环开始
13  while True:
14      green.write_digital(1);red.write_digital(0)  #绿灯亮，红灯灭
15      time.sleep(10)
16      green.write_digital(0);red.write_digital(0)  #绿灯灭，红灯灭
17      shanshuo()                                   #调用，黄灯闪烁
18      green.write_digital(0);red.write_digital(1)  #绿灯灭，红灯亮
19      time.sleep(5)
20      green.write_digital(0);red.write_digital(0)  #绿灯灭，红灯灭
21      shanshuo()                                   #调用，黄灯闪烁
```

图 20-4　完整的控制程序

这样就完成了南北方向的红绿灯控制，按照表 20-1 中的逻辑关系，使用引脚 10、11、12，在图 20-4 所示程序的基础上增加 Y 方向的控制，并调试成功。

任务 20.3　交警智能服务机器人

交警智能服务机器人是一种应用人工智能技术的创新产品，可以为交通管理部门提供高效、精准的服务。交警智能服务机器人外形如图 20-5 所示。

交警智能服务机器人主要用途包括以下几方面。

（1）交通管理场景。

① 交通指导。它可以通过语音识别和图像识别技术，实时为行驶中的车辆提供路况信息，指导司机选择合适的行驶路线。

图 20-5　交警智能服务机器人外形

② 交通事故处理。在交通事故发生时，机器人可以快速捕捉图像和视频，收集证据，辅助交警开展现场勘察和事故处理。

③ 交通违法处理。机器人还能对交通违法行为进行自动监测和记录，并及时向交警部门报警。

（2）提高交通管理效率。

交警智能服务机器人可以通过自动化和智能化的方式，提高交通管理的效率。它可以代替交警巡逻，自动巡视道路并发现交通违法行为；根据路况和交通规则，自动调整交通信号灯的配时，优化交通流量，减少交通拥堵；实时分析交通数据，提供精准的交通管理决策，帮助交管部门更好地制定交通管理策略。

（3）保障交通安全。

交警智能服务机器人在交通安全方面发挥着重要作用，能够实时监测交通违法行为，及时发现并处理违法行为，有效减少交通事故的发生；可以通过语音提示和图像显示，向驾驶员传递交通安全知识和安全驾驶建议，提高驾驶员的安全意识和遵守交通规则的能力；可以与交通信号灯、电子警察等设备进行联动，实时监控交通状况，及时调整信号灯配时，确保交通流畅和安全。

（4）智能交警。

随着科技的不断发展，智能机器人在交管部门的应用逐渐增多，为交通管理带来了前所未有的便利和效率。智能机器人在交通管理中的重要作用如下。

① 使用智能机器人的背景。交通管理的复杂性和高风险使交警队需要更加高效和安全的工具来进行工作。

② 智能机器人的定义和特点。智能机器人是人工智能技术在机器人领域的应用，具有感知、计算、决策和执行等能力。

③ 智能机器人的应用领域。智能机器人可以用于交通监控、交通信号灯管理、追踪交通违法行为等方面。

④ 智能机器人在交通监控中的作用。智能机器人可以通过高清摄像头进行实时监控，快速识别交通违法行为，提高监控效果和工作效率。

⑤ 智能机器人在交通信号灯管理中的作用。智能机器人可以自主巡逻监控信号灯状态，通过实时数据分析和处理，进行智能调度，减少交通拥堵和事故发生的概率。

⑥ 智能机器人在追踪交通违法行为中的作用。智能机器人可以根据交通监控数据，自动识别并记录交通违法行为，提高追踪效率和准确性。

⑦ 智能机器人与传统交通管理方式的比较。与传统的人工巡逻相比，智能机器人具有更高的效率和准确性，可以减少人力成本和减轻交警队的工作负担。

⑧ 智能机器人在未来的发展前景。随着科技的不断进步，智能机器人在交通管理领域的应用前景广阔，可以预见其将会在交管部门相关工作中扮演更加重要的角色。

⑨ 智能机器人的社会影响和意义。智能机器人的应用不仅可以提高交通管理效率，还可以提升交通安全水平，减少交通事故发生的概率，为人们出行提供更加安全和便利的环境。

智能机器人在交管部门的应用正逐渐成为交通管理的新趋势。它们在交通监控、信号灯管理和追踪交通违法行为等方面表现出色，为交管部门的工作带来了巨大的改进。随着科技的不断发展，智能机器人在交通管理中的作用将会越来越重要，创造更加安全和便利的出行环境。

任务 20.4　总结及评价

自主评价式展示，说出制作的全过程，介绍所用每个电子元器件的功能，电子 CAD 使用方法和步骤，每条指令的作用和使用方法，展示自己的作品。

（1）集体讨论

① 怎样创建函数？

② 怎样判断电路器件的好坏？

（2）思考与练习

在任务 20.2 中，不使用 def 函数也可以实现同样的效果，自己试一试。比较这两种编写方法，说说哪种方法更好。

（3）项目 20 已完成，在表 20-3 中画☆，最多画 3 个☆。

表 20-3　项目 20 评价表

评 价 描 述	评 价 结 果
能理解交通灯工作过程	
会正确搭建电路	
能编写控制程序，并测试成功	
能描述项目中程序的执行过程	

项目 21　繁花 LED

在项目 19 中学习了 LED 流水灯，控制 8 个 LED 灯顺序点亮。实际上这 8 个灯还可以设计出很多花样，控制起来非常有趣，如城市中霓虹灯的控制。还可根据实际需要增加很多端口，设计更多花样。本项目不设计新的电路，使用项目 19 的电路和硬件。

任务 21.1　顺序和逆序点亮 LED

实现 LED 花样点亮，首先设计排列次序，就是接在引脚 2~9 上的 LED 灯的亮灭次序。按照之前的方法，设计、搭建并检测电路，完成后开始编写代码。

本次任务在项目 19 顺序控制的基础上，增加逆序控制，即让 LED 按照引脚排列进行顺序和逆序点亮，并循环。

1. 编程思路

顺序点亮即按照 D2，D3，…，D9 的顺序点亮，逆向顺序点亮按照 D9，D8，…，D2 的顺序编写代码。逆序点亮时引脚 D9 和引脚 D2 的状态与顺序点亮时重叠，因此这两个引脚不必重复控制。

使用 Mind+ 的 Python 模式编写程序，编程控制引脚输出高低电平变化，控制 LED 灯亮与灭。顺序亮灯的逻辑表如表 21-1 所示，采用负逻辑设定，电平高（灯亮）为 0，电平低（灯灭）为 1。

表 21-1　逻辑表

状态	引脚 2	引脚 3	引脚 4	引脚 5	引脚 6	引脚 7	引脚 8	引脚 9
灯亮或暗	0	1	1	1	1	1	1	1
	1	1	1	1	1	1	1	1
	1	0	1	1	1	1	1	1
	1	1	1	1	1	1	1	1
	1	1	0	1	1	1	1	1
	1	1	1	1	1	1	1	1
	1	1	1	0	1	1	1	1
	1	1	1	1	1	1	1	1
	1	1	1	1	0	1	1	1
	1	1	1	1	1	1	1	1
	1	1	1	1	1	0	1	1
	1	1	1	1	1	1	1	1
	1	1	1	1	1	1	0	1
	1	1	1	1	1	1	1	1
	1	1	1	1	1	1	1	0
	1	1	1	1	1	1	1	1

2. 编程

连接主板和计算机，打开 Mind+，进入 Python 模式，进行初始化，初始化程序如图 21-1 所示。

```
1   from pinpong.board import Board,Pin  #导入主板和pingpong库
2   import time                         #导入时间库
3   Board("uno","com3").begin()         #初始化，选择板型、端口号
4   #初始化，引脚2~9为电平输出
5   D2=Pin(Pin.D2,Pin.OUT);D3=Pin(Pin.D3,Pin.OUT)
6   D4=Pin(Pin.D4,Pin.OUT);D5=Pin(Pin.D5,Pin.OUT)
7   D6=Pin(Pin.D6,Pin.OUT);D7=Pin(Pin.D7,Pin.OUT)
8   D8=Pin(Pin.D8,Pin.OUT);D9=Pin(Pin.D9,Pin.OUT)
9   #初始化，指示灯置1全灭
10  D2.write_digital(1);D3.write_digital(1);D4.write_digital(1)
11  D5.write_digital(1);D6.write_digital(1);D7.write_digital(1)
12  D8.write_digital(1);D9.write_digital(1);
```

图 21-1　初始化程序

主程序按照表 21-1 的规律，先编写程序控制引脚 D2~D9 为顺序点亮，如图 21-2 所示；再编写 D9~D2 为逆序点亮，如图 21-3 所示。

```
13  #顺序，控制代码开始
14  while True:
15      D2.write_digital(0); time.sleep(0.3)    #D2输出低电平，LED灯亮,延时以秒为单位计
16      D2.write_digital(1); time.sleep(0.3)    #D2输出高电平，LED灯灭,延时以秒为单位计
17      D3.write_digital(0);time.sleep(0.3)      #D3输出低电平，LED灯亮
18      D3.write_digital(1);time.sleep(0.3)
19      D4.write_digital(0);time.sleep(0.3)      #D4输出低电平，LED灯亮
20      D4.write_digital(1); time.sleep(0.3)
21      D5.write_digital(0);time.sleep(0.3)      #D5输出低电平，LED灯亮
22      D5.write_digital(1);  time.sleep(0.3)
23      D6.write_digital(0);time.sleep(0.3)       #D6输出低电平，LED灯亮
24      D6.write_digital(1);  time.sleep(0.3)
25      D7.write_digital(0); time.sleep(0.3)      #D7输出低电平，LED灯亮
26      D7.write_digital(1); time.sleep(0.3)
27      D8.write_digital(0);time.sleep(0.3)       #D8输出低电平，LED灯亮
28      D8.write_digital(1); time.sleep(0.3)
29      D9.write_digital(0); time.sleep(0.3)      #D9输出低电平，LED灯亮
30      D9.write_digital(1);time.sleep(0.3)
```

图 21-2　顺序点亮程序

连接主板，单击“运行”按钮，观察运行结果。可以看到，8 个 LED 灯逐个顺序点亮，随后逆序点亮，反复循环，直到单击“停止”按钮，停止点亮。

```
31 ∨ #逆向顺序，控制代码开始
32        D8.write_digital(0);time.sleep(0.3)              #D8输出低电平，LED 灯亮
33        D8.write_digital(1);time.sleep(0.3)
34        D7.write_digital(0);time.sleep(0.3)              #D7输出低电平，LED 灯亮
35        D7.write_digital(1);time.sleep(0.3)
36        D6.write_digital(0); time.sleep(0.3)             #D6输出低电平，LED 灯亮
37        D6.write_digital(1);time.sleep(0.3)
38        D5.write_digital(0);time.sleep(0.3)             #D5输出低电平，LED 灯亮
39        D5.write_digital(1);time.sleep(0.3)
40        D4.write_digital(0);time.sleep(0.3)             #D4输出低电平，LED 灯亮
41        D4.write_digital(1); time.sleep(0.3)
42        D3.write_digital(0);time.sleep(0.3)             #D3输出低电平，LED 灯亮
43        D3.write_digital(1); time.sleep(0.3)
```

图 21-3　逆序点亮程序

除此以外，还可以为顺序点亮增加新的花样，如在顺序点亮和逆序点亮之间让所有 LED 灯闪 3 次，控制的循环过程是顺序→全闪 3 次→逆序。

可以自己编写程序实现其他的控制方式。

任务 21.2　双灯同时移动

之前的任务都是让 LED 灯逐个点亮，本次任务将控制 8 个 LED 灯两两同时点亮和移动，控制电路和元件没有变化。

两两点亮有多种实现方法，如从两边向中间，从中间向两边双侧同时点亮；相邻两灯的顺序和逆序点亮等。本次任务将以双侧同时点亮为例学习双灯同时移动的控制。

从两边向中间的顺序分别是引脚 2 和 9，引脚 3 和 8，引脚 4 和 7，引脚 5 和 6。同样地，在从中间向两边移动时，引脚 5 和 6 以及引脚 2 和 9 不需要重复控制。根据控制顺序，按照之前的方法编写本任务的亮灯逻辑，如表 21-2 所示。

按表 21-2 的逻辑关系编写代码，单次循环顺序是两边→中间→两边。可以分两部分来编写代码，即 D2D9、D3D8、D4D7、D5D6 两两一组点亮，再依次点亮 D4D7、D3D8 即可实现。初始化部分参考图 21-4 的第 1~12 行代码。

表 21-2　亮灯逻辑表

状态	引脚2	引脚3	引脚4	引脚5	引脚6	引脚7	引脚8	引脚9	状态	引脚2	引脚3	引脚4	引脚5	引脚6	引脚7	引脚8	引脚9
灯亮或暗	0	1	1	1	1	1	1	0	灯亮或暗	1	1	1	0	0	1	1	1
	1	1	1	1	1	1	1	1		1	1	1	1	1	1	1	1
	1	0	1	1	1	1	0	1		1	1	0	1	1	0	1	1
	1	1	1	1	1	1	1	1		1	1	1	1	1	1	1	1
	1	1	0	1	1	0	1	1		1	0	1	1	1	1	0	1
	1	1	1	1	1	1	1	1		1	1	1	1	1	1	1	1

```
1  from pinpong.board import Board,Pin  #导入主板和pingpong库
2  import time                          #导入时间库
3  Board("uno","com3").begin()          #初始化，选择板型、端口号
4  #初始化，引脚2~9为电平输出
5  D2=Pin(Pin.D2,Pin.OUT);D3=Pin(Pin.D3,Pin.OUT)
6  D4=Pin(Pin.D4,Pin.OUT);D5=Pin(Pin.D5,Pin.OUT)
7  D6=Pin(Pin.D6,Pin.OUT);D7=Pin(Pin.D7,Pin.OUT)
8  D8=Pin(Pin.D8,Pin.OUT);D9=Pin(Pin.D9,Pin.OUT)
9  #初始化，指示灯置1全灭
10 D2.write_digital(1);D3.write_digital(1);D4.write_digital(1)
11 D5.write_digital(1);D6.write_digital(1);D7.write_digital(1)
12 D8.write_digital(1);D9.write_digital(1);
13 while True:                         #两边向中间，代码开始
14     D2.write_digital(0);D9.write_digital(0);time.sleep(0.3)  #D2,D9输出低电平，LED灯亮 延时以秒为单位计
15     D2.write_digital(1);D9.write_digital(1);time.sleep(0.3)  #D2,D9输出高电平，LED灯灭 延时以秒为单位计
16     D3.write_digital(0);D8.write_digital(0);time.sleep(0.3)  #D3,D8输出低电平，LED灯亮
17     D3.write_digital(1);D8.write_digital(1);time.sleep(0.3)  #D3,D8输出高电平，LED灯灭
18     D4.write_digital(0),D7.write_digital(0); time.sleep(0.3) #D4,D7输出低电平，LED灯亮
19     D4.write_digital(1);D7.write_digital(1);time.sleep(0.3)  #D4,D7输出高电平，LED灯灭
20     D5.write_digital(0);D6.write_digital(0);time.sleep(0.3)  #D5,D6输出低电平，LED灯亮
21     D5.write_digital(1);D6.write_digital(1);time.sleep(0.3)  #D5,D6输出高电平，LED灯灭
22 #中间向两边，控制代码开始
23     D4.write_digital(0);D7.write_digital(0); time.sleep(0.3)
24     D4.write_digital(1);D7.write_digital(1);  time.sleep(0.3)
25     D3.write_digital(0);D8.write_digital(0);  time.sleep(0.3)
26     D3.write_digital(1);D8.write_digital(1); time.sleep(0.3)
```

图 21-4　双灯点亮程序

任务 21.3　花 样 组 合

将以上流水灯样式进行组合，就能得到更为复杂有趣的亮灯效果。首先进行组合设计，单次循环的过程是正、逆向点亮灯各 1 次→全闪 3 次→两边到中间和中间到两边点亮灯各 1 次→全闪 3 次。以上过程反复循环，直到单击“停止”按钮，编写程序如图 21-5 所示。

```
1   from pinpong.board import Board,Pin  #导入主板和pingpong库
2   import time                         #导入时间库
3   Board("uno","com3").begin()         #初始化，选择板型、端口号
4   #初始化，引脚2~9为电平输出
5   D2=Pin(Pin.D2,Pin.OUT);D3=Pin(Pin.D3,Pin.OUT)
6   D4=Pin(Pin.D4,Pin.OUT);D5=Pin(Pin.D5,Pin.OUT)
7   D6=Pin(Pin.D6,Pin.OUT);D7=Pin(Pin.D7,Pin.OUT)
8   D8=Pin(Pin.D8,Pin.OUT);D9=Pin(Pin.D9,Pin.OUT)
9   #初始化，指示灯置1全灭
10  D2.write_digital(1);D3.write_digital(1);D4.write_digital(1)
11  D5.write_digital(1);D6.write_digital(1);D7.write_digital(1)
12  D8.write_digital(1);D9.write_digital(1)
13  while True:
14      #正顺序，控制代码开始
15      for i in range(1):
16          D2.write_digital(0); time.sleep(0.3) #D2输出低电平，LED灯亮,延时以秒为单位计
17          D2.write_digital(1); time.sleep(0.3) #D2输出高电平，LED灯灭,延时以秒为单位计
18          D3.write_digital(0);time.sleep(0.3)          #D3输出低电平，LED灯亮
19          D3.write_digital(1);time.sleep(0.3)
20          D4.write_digital(0);time.sleep(0.3)          #D4输出低电平，LED灯亮
21          D4.write_digital(1); time.sleep(0.3)
22          D5.write_digital(0);time.sleep(0.3)          #D5输出低电平，LED灯亮
23          D5.write_digital(1);  time.sleep(0.3)
24          D6.write_digital(0);time.sleep(0.3)            #D6输出低电平，LED灯亮
25          D6.write_digital(1);  time.sleep(0.3)
26          D7.write_digital(0); time.sleep(0.3)           #D7输出低电平，LED灯亮
27          D7.write_digital(1); time.sleep(0.3)
28          D8.write_digital(0);time.sleep(0.3)            #D8输出低电平，LED灯亮
29          D8.write_digital(1); time.sleep(0.3)
30          D9.write_digital(0); time.sleep(0.3)           #D9输出低电平，LED灯亮
31          D9.write_digital(1);time.sleep(0.3)
32      #逆向顺序，控制代码开始
33          D8.write_digital(0);time.sleep(0.3)            #D8输出低电平，LED灯亮
34          D8.write_digital(1);time.sleep(0.3)
35          D7.write_digital(0);time.sleep(0.3)            #D7输出低电平，LED灯亮
36          D7.write_digital(1);time.sleep(0.3)
37          D6.write_digital(0); time.sleep(0.3)           #D6输出低电平，LED灯亮
38          D6.write_digital(1);time.sleep(0.3)
39          D5.write_digital(0);time.sleep(0.3)          #D5输出低电平，LED灯亮
40          D5.write_digital(1);time.sleep(0.3)
41          D4.write_digital(0);time.sleep(0.3)          #D4输出低电平，LED灯亮
42          D4.write_digital(1); time.sleep(0.3)
43          D3.write_digital(0);time.sleep(0.3)          #D3输出低电平，LED灯亮
44          D3.write_digital(1); time.sleep(0.3)
45      #全闪3次
46      for i in range(3):
47          D2.write_digital(0);D3.write_digital(0);D4.write_digital(0)
48          D5.write_digital(0);D6.write_digital(0);D7.write_digital(0)
49          D8.write_digital(0);D9.write_digital(0)
```

图 21-5　多样式组合程序

```
50            time.sleep(0.5)
51            D2.write_digital(1);D3.write_digital(1);D4.write_digital(1)
52            D5.write_digital(1);D6.write_digital(1);D7.write_digital(1)
53            D8.write_digital(1);D9.write_digital(1)
54            time.sleep(0.5)
55        #两两一组
56        for i in range(1):
57            D2.write_digital(0);D9.write_digital(0);time.sleep(0.3)
58            D2.write_digital(1);D9.write_digital(1);time.sleep(0.3)
59            D3.write_digital(0);D8.write_digital(0);time.sleep(0.3)
60            D3.write_digital(1);D8.write_digital(1);time.sleep(0.3)
61            D4.write_digital(0),D7.write_digital(0); time.sleep(0.3)
62            D4.write_digital(1);D7.write_digital(1);time.sleep(0.3)
63            D5.write_digital(0);D6.write_digital(0);time.sleep(0.3)
64            D5.write_digital(1);D6.write_digital(1);time.sleep(0.3)
65
66            D4.write_digital(0);D7.write_digital(0); time.sleep(0.3)
67            D4.write_digital(1);D7.write_digital(1);  time.sleep(0.3)
68            D3.write_digital(0);D8.write_digital(0);  time.sleep(0.3)
69            D3.write_digital(1);D8.write_digital(1); time.sleep(0.3)
70            D2.write_digital(0);D9.write_digital(0);  time.sleep(0.3)
71            D2.write_digital(1);D9.write_digital(1); time.sleep(0.3)
72        #全闪3次
73        for i in range(3):
74            D2.write_digital(0);D3.write_digital(0);D4.write_digital(0)
75            D5.write_digital(0);D6.write_digital(0);D7.write_digital(0)
76            D8.write_digital(0);D9.write_digital(0)
77            time.sleep(0.5)
78            D2.write_digital(1);D3.write_digital(1);D4.write_digital(1)
79            D5.write_digital(1);D6.write_digital(1);D7.write_digital(1)
80            D8.write_digital(1);D9.write_digital(1)
81            time.sleep(0.5)
```

图 21-5 （续）

输入完毕，确认正确后，下载代码到 Arduino 中，如果一切正确，将看到 LED 灯先单灯顺序和逆序点亮，接着双灯顺序和逆序点亮，再闪动 3 次，反复循环。

任务 21.4　中央处理器

中央处理器（Central Processing Unit，CPU）作为计算机系统的运算和控制核心，是信息处理、程序运行的最终执行单元。CPU 自产生以来，在

逻辑结构、运行效率以及功能外延上取得了巨大发展。

1. 发展历史

CPU 出现于大规模集成电路时代，处理器架构设计的迭代更新以及集成电路工艺的不断提升促使其不断发展、完善。从最初专用于数学计算到广泛应用于通用计算，从 4 位到 8 位、16 位、32 位处理器，最后到 64 位处理器，从各厂商互不兼容到不同指令集架构规范的出现，CPU 自诞生以来一直在飞速发展。

CPU 发展已经有 50 多年的历史了，通常将其分成如下 6 个阶段。

（1）第一阶段（1971—1973 年）。这是 4 位和 8 位低档微处理器时代，代表产品是 Intel 4004 处理器。

1971 年，Intel 生产的 4004 微处理器将运算器和控制器集成在一个芯片上，标志着 CPU 的诞生；1978 年，8086 处理器的出现奠定了 x86 指令集架构，随后，8086 系列处理器被广泛应用于个人计算机终端、高性能服务器以及云服务器中。

（2）第二阶段（1974—1977 年）。这是 8 位中高档微处理器时代，代表产品是 Intel 8080。此时指令系统已经比较完善了。

（3）第三阶段（1978—1984 年）。这是 16 位微处理器的时代，代表产品是 Intel 8086，相对而言，这一阶段的 CPU 已经比较成熟了。

（4）第四阶段（1985—1992 年）。这是 32 位微处理器时代，代表产品是 Intel 80386，已经可以胜任多任务、多用户的作业。

1989 年发布的 80486 处理器实现了 5 级标量流水线，标志着 CPU 的初步成熟，也标志着传统处理器发展阶段的结束。

（5）第五阶段（1993—2005 年）。这是 Pentium 系列微处理器的时代。

1995 年 11 月，Intel 发布了 Pentium 处理器，该处理器首次采用超标量指令流水结构，引入了指令的乱序执行和分支预测技术，大大提高了处理器的性能，因此，超标量指令流水线结构一直被后续出现的现代处理器，如 AMD（Advanced Micro Devices）的锐龙、Intel 的酷睿系列等所采用。

（6）第六阶段（2005 年后）。处理器逐渐向更多核心，更高并行度发展。典型的代表有 Intel 的酷睿系列处理器和 AMD 的锐龙系列处理器。

为了满足操作系统的上层工作需求，现代处理器进一步引入了诸如并行化、多核化、虚拟化以及远程管理系统等功能，不断推动着上层信息系统向前发展。

2. 工作原理

冯·诺依曼体系结构是现代计算机的基础。在该体系结构下，程序和数据统一存储，指令和数据需要从同一存储空间存取，经由同一总线传输，无法重叠执行。根据冯·诺依曼体系，CPU 的工作分为如下 5 个阶段：取指令阶段、指令译码阶段、执行指令阶段、访存取数和结果写回。

（1）取指令（Instruction Fetch，IF）阶段，即将一条指令从主存储器中取到指令寄存器的过程。程序计数器中的数值，用来指示当前指令在主存中的位置。当一条指令被取出后，程序计数器（PC）中的数值将根据指令字长度自动递增。

（2）指令译码（Instruction Decode，ID）阶段，取出指令后，指令译码器按照预定的指令格式，对取回的指令进行拆分和解释，区分出不同的指令类别以及各种获取操作数的方法。

（3）执行指令（execute，EX）阶段，即具体实现指令的功能。CPU 的不同部分被连接起来，以执行所需的操作。

（4）访存取数（memory，MEM）阶段，根据指令需要访问主存、读取操作数，CPU 得到操作数在主存中的地址，并从主存中读取该操作数用于运算。部分指令不需要访问主存，则可以跳过该阶段。

（5）结果写回（Write Back，WB）阶段，作为最后一个阶段，结果写回阶段把执行指令阶段的运行结果数据“写回”到某种存储形式。结果数据一般会被写到 CPU 的内部寄存器中，以便被后续的指令快速地存取；许多指令还会改变程序状态字寄存器中标志位的状态，这些标志位标识着不同的操作结果，可被用来影响程序的动作。

在指令执行完毕、结果数据写回之后，若无意外事件（如结果溢出等）发生，计算机就从程序计数器中取得下一条指令地址，开始新一轮循环，下一个指令周期将顺序取出下一条指令。许多复杂的 CPU 可以一次提取多个指令、解码，并且同时执行。

3. CPU 结构

通常来讲，CPU 的结构可以大致分为运算逻辑部件、寄存器部件和控制部件等。所谓运算逻辑部件，主要用于进行相关的逻辑运算，如可以执行移位操作以及逻辑操作，除此之外还可以执行定点或浮点算术运算操作以及地址运算和转换等命令，是一种多功能的运算单元。而寄存器部件则是用来暂存指令、数据和地址的。控制部件则是主要用来对指令进行分析并且能够发出相应的控制信号。对于中央处理器来说，可将其看作一个规模较大的集成电路，其主要任务是加工和处理各种数据。传统计算机的储存容量相对较小，其对大规模数据的处理具有一定难度，且处理效果相对较差。

随着我国信息技术水平的迅速发展，出现了高配置的处理器计算机，将高配置处理器作为控制中心，对提高计算机 CPU 的结构功能发挥重要作用。中央处理器中的核心部分就是控制器、运算器，其对提高计算机的整体功能起着重要作用，能够实现寄存控制、逻辑运算、信号收发等多项功能的扩散，为提升计算机的性能奠定良好基础。

4. CPU 总线

CPU 总线是在计算机系统中最快的总线，同时也是芯片组与主板的核心。通常把和 CPU 直接相连的局部总线叫作 CPU 总线或者内部总线，将那些和各种通用的扩展槽相接的局部总线叫作系统总线或者外部总线。

在内部结构比较单一的 CPU 中，往往只设置一组数据传送的总线即 CPU 内部总线，用来将 CPU 内部的寄存器和算数逻辑运算部件等连接起来，因此也可以将这一类的总线称为 ALU 总线。而部件内的总线，通过使用一组总线将各个芯片连接到一起，因此可以将其称为部件内总线，一般会包含地址线以及数据线这两组线路。

系统总线指的是将系统内部的各个组成部分连接在一起的线路，是将系统的整体连接到一起的基础；而系统外的总线，是将计算机和其他设备连接到一起的基础线路。

任务 21.5　总结及评价

自主评价式展示，介绍设计的 LED 点亮样式，是如何编写程序实现的，并展示作品。

（1）集体讨论

① 用排列组合法计算有多少种组合花样？

② 如何扩展到 16 个指示灯？

（2）思考与练习

① 任务 21.2 中的两两同时移动，还可以将相邻两引脚同时移动，自行设计移动方式，制作逻辑表，编写程序实现。

② 任务 21.3 中的全闪 3 次分别用 for 循环编写，相同代码重复较多。创建功能函数替代重复，简化原程序代码。

（3）项目 21 已完成，在表 21-3 中画☆，最多画 3 个☆。

表 21-3　项目 21 评价表

评价描述	评价结果
能编写 8 个 LED 顺序、逆序点亮控制代码，并测试成功	
能编写 8 个 LED 灯两两移动点亮的代码，并测试成功	
能设计其他花样，并展示	
能对原程序进行优化，并测试成功	

项目 22 自制小风扇

本项目学习使用继电器控制直流电机转动，将风扇叶片安装到直流电机上就是一个简单的小风扇了。继电器可以理解为用较小的电流去控制较大电流的一种“自动开关”。

本次项目的学习内容包括认识继电器、绘制控制电路图和编写控制程序。通过项目学习，掌握继电器模块的使用方法，以及直流电机的控制方法，用不同的思路编写控制程序。

任务 22.1 硬件及其连接

认识继电器，包括外观结构、控制原理和接线方法等。本次任务使用的模块包括按钮模块、继电器模块、直流电机（5V）（包含电机座）。其他配件有风扇叶片和导线若干。

1. 认识继电器

继电器在控制电路中应用非常广泛，简单来说，它不仅是联系输入回路和输出回路的一种元器件，而且在电路中起着自动调节、安全保护、转换电路等作用。

从外观来看，继电器有多种样式，根据使用场合不同，其功率也有大有小。其控制原理基本相似，都是利用电磁效应原理控制通断，也可以理解为“自动的开关”。

电磁继电器一般由铁芯、线圈、衔铁、触点簧片等组成。只要在线圈两端加上一定的电压，线圈中就会流过一定的电流，从而产生电磁效应，衔铁就会在电磁力吸引的作用下克服返回弹簧的拉力吸向铁芯，从而带动衔铁的动触点与静触点（常开触点）吸合。当线圈断电后，电磁的吸力也随之消失，衔铁就会在弹簧的反作用力返回原来的位置，使动触点与原来的静触点（常闭触点）释放。这样吸合、释放，从而达到在电路中导通、切断的目的。

2. 继电器的使用

有些继电器只有 1 路常开 / 常闭触点，控制一个输出回路，有些有多路常开 / 常闭触点，可以控制多个输出回路。图 22-1 所示是最简单的 1 路光耦隔离继电器模块，支持高 / 低电平触发。该模块是将光电耦合器 U2 和电阻 R2 组成隔离电路，防止继电器对 CPU 的干扰；三极管 Q1 和电阻 R1、R3 组成的放大驱动电路，驱动继电器稳定工作。这两部分用一个小 PCB 制作在一起，组成继电器模块，如图 22-1 所示。

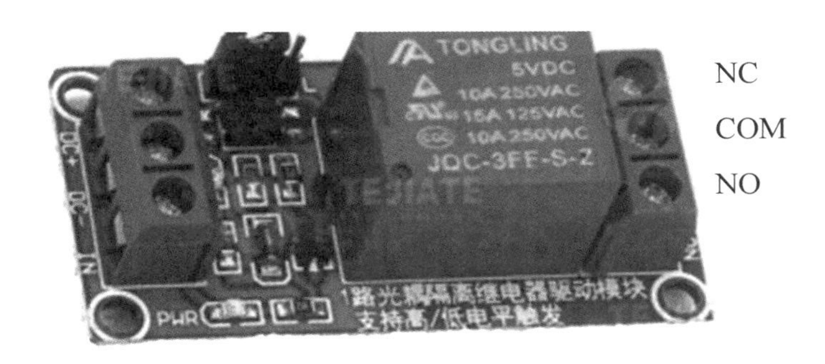

图 22-1　继电器模块

图 22-1 中左侧 3 个端子构成输入回路，图中标注的 DC+ 端子连接 5V、DC- 接 GND、IN 接输入信号（数字 I/O）。右侧 3 个端子构成输出回路。用电表测量，COM 和 NC 之间是通的（常闭），COM 和 NO 之间是断开的（常开）。控制直流电机时使用常开触点，将 COM 端子连接到 5V，NO 端子连接到直流电机的“正极”（红色）。

3. 直流电机

直流电动机（直流电机）是最常见的电动机类型。直流电机通常只有两根引线，一根是正极，另一根是负极。如果将这两根引线直接连接到电池，电机将旋转。如果切换引线，电机将以相反方向旋转。

如图 22-2 所示，直流电机有两个端子，正极一般用红线连接，负极一

图 22-2　直流电机

般用黑线连接。使用继电器控制时，正极连接到直流电机的 NO 端，负极连接到 GND 端。

4. 绘制原理图

使用引脚 5 为输入信号（按钮），引脚 10 为输出信号（继电器常开）。按照之前学习的方法绘制 CAD 原理图，如图 22-3 所示。该电路的功能是通过按钮控制继电器通断，从而控制直流电机转动和停止。

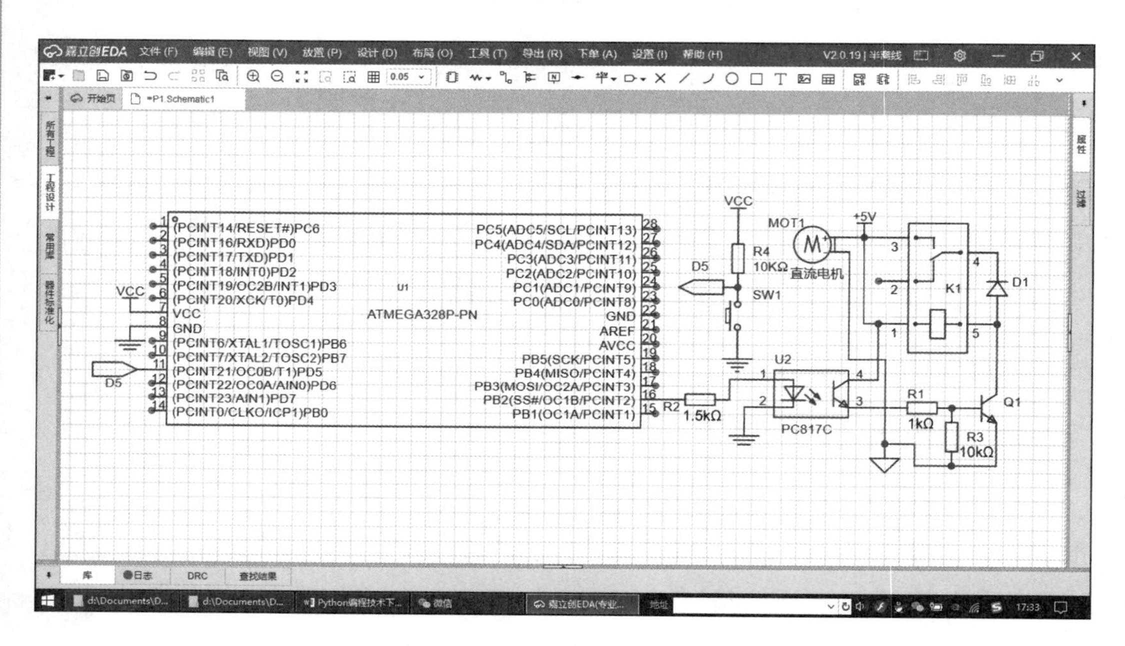

图 22-3 “风扇”原理图

5. 硬件测试

按照原理图连接硬件，并对电路进行测试。本项目用一根导线将 10 号端子直接接高电平（5V），若此时继电器动作，说明电路没有问题。

任务 22.2 风扇编程控制

硬件电路搭建并测试完成，还需要编写控制程序实现任务要求。继电器输出低电平（0），风扇停止，继电器输出高电平（1），风扇转动。使用一个按钮控制继电器动作，风扇停止时，按下按钮，风扇转动；风扇转动时，按下按钮，风扇停止。

1. 编程思路

控制风扇转动，实际上就是控制继电器的通断。当按下按钮时，根据当前继电器状态，决定继电器输出是 0 或 1。因此需要一个变量保存当前继电器状态，执行程序时对其进行取反操作，就可以改变继电器输出状态。

2. 编写代码

按照编程思路编写代码，涉及一条新指令，即“取反”指令。计算机的取反运算就是将 0 变为 1，将 1 变为 0，运算符是 not。具体运算过程涉及二进制运算方法，此处不做详细描述。

本任务中就是将状态变量取反。将继电器状态变量命名为 state，对其取反运算的指令为

```
state = not state
```

完整代码如图 22-4 所示。

```
1   from pinpong.board import Board,Pin #导入主板
2   import time                         #导入时间库
3   Board('uno').begin()                #初始化，主板
4   key=Pin(Pin.D5,Pin.IN)              #初始化，按钮使用引脚5
5   jdq=Pin(Pin.D10,Pin.OUT)            #初始化，继电器使用引脚10
6   state=0                             #初始化，继电器状态赋初值0
7   while True:
8       if(key.read_digital()==1):      #按键防抖，有延时
9           time.sleep(0.5)
10          key.read_digital()==1       #按键被按下
11          state= not state            #继电器状态取反
12      jdq.write_digital(state)        #写入继电器
```

图 22-4 “风扇”程序

连接通信电缆，观察程序运行结果。单击“运行”按钮，按下按钮，风扇转动，再次按下按钮，风扇停止。如此，就实现了使用单个按钮控制风扇。

任务 22.3　扩展阅读：继电器知识

通过前面两个任务的学习，简单了解继电器的使用方法，为了让初学者了解继电器工作原理，没有使用较大的电源器件，选用的是需要 5V 就能驱动的直流电机。实际上，由于继电器的外观、规格和内部结构的不同，继电器有非常丰富的产品群。

1. 继电器识别

常用的小功率继电器的实物外形如图 22-5 所示。图 22-6 所示为大功率中间继电器。继电器新符号用字母 K 表示，细分时应用双字母表示，如电压继电器为 KV，电流继电器为 KA，时间继电器为 KT，频率继电器为 KF，压力继电器为 KP，控制继电器为 KC，信号继电器为 KS，接地继电器为 KE。

图 22-5　小功率继电器

图 22-6　大功率中间继电器

图 22-5 所示的小功率继电器内部关系如图 22-7 所示，图中常闭触点就是在线圈没电时，1 和 9 之间，4 和 12 之间是导通的，通电时是断开的，常开触点与此相反。图 22-8 是小功率继电器的符号。

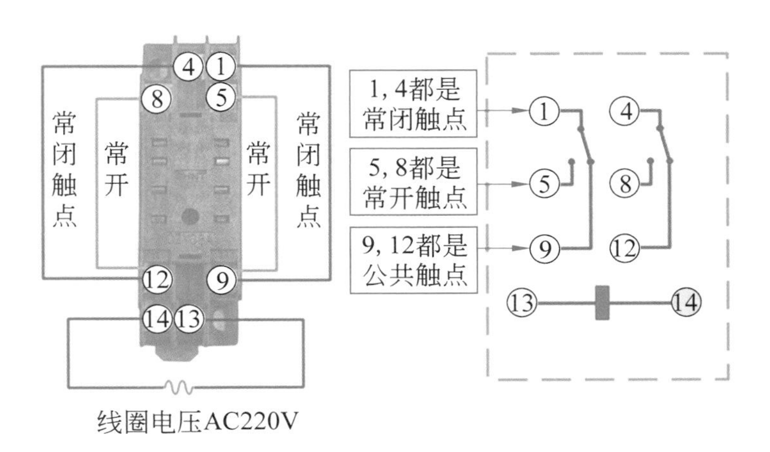

图 22-7　小功率继电器内部关系图

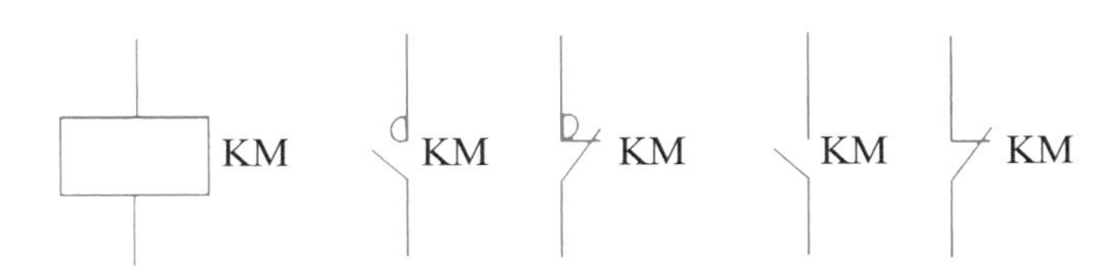

图 22-8　小功率继电器的符号

符号中有主触点和辅助触点之分，主触点是有凸起触点，是连通大电流时控制电机的触点，没有凸起触点为辅助触点。大功率继电器结构如图 22-9 所示，继电器符号如图 22-10 所示。

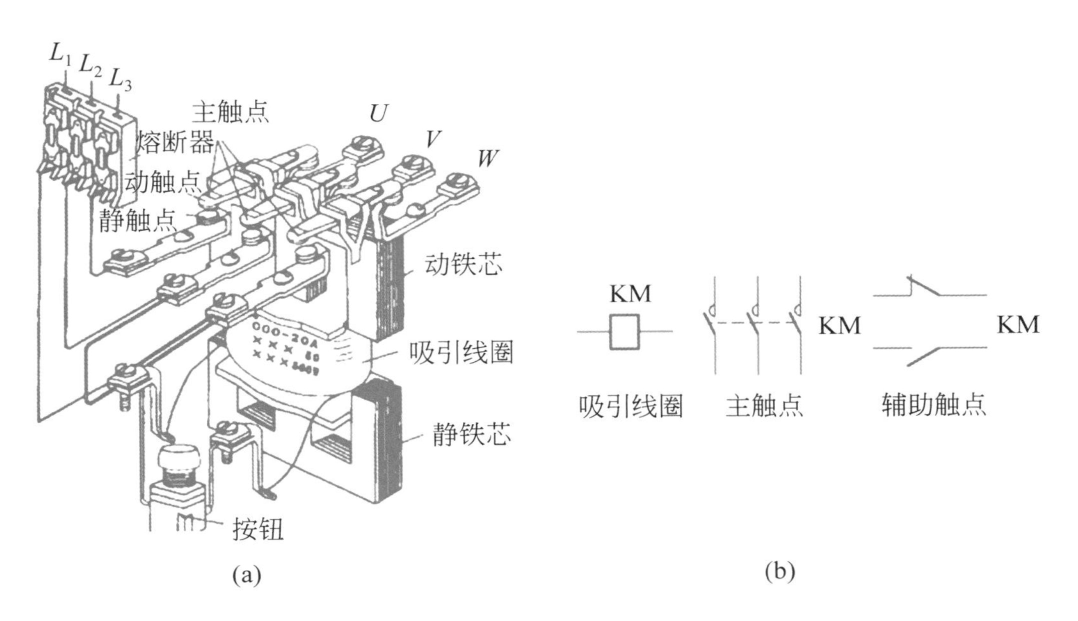

图 22-9　大功率继电器结构

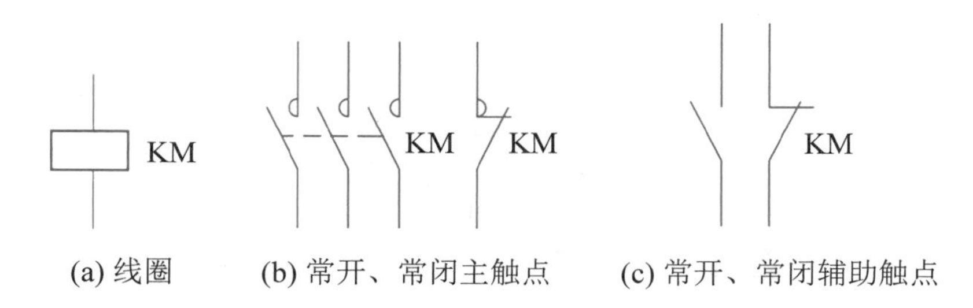

(a) 线圈　(b) 常开、常闭主触点　(c) 常开、常闭辅助触点

图 22-10　继电器符号

2. 继电器的主要参数

（1）额定工作电压。这是指继电器正常工作时线圈所需要的电压。根据继电器的型号不同，可以是交流电压，也可以是直流电压。

（2）直流电阻。这是指继电器中线圈的直流电阻，可以通过万能表测量。

（3）吸合电流。这是指继电器能够产生吸合动作的最小电流。在正常使用时，给定的电流必须略大于吸合电流，这样继电器才能稳定地工作。而对于线圈所加的工作电压，一般不要超过额定工作电压的 1.5 倍，否则会产生较大的电流而把线圈烧毁。

（4）释放电流。这是指继电器产生释放动作的最大电流。当继电器吸合状态的电流减小到一定程度时，继电器就会恢复到未通电的释放状态。这时的电流远远小于吸合电流。

（5）触点切换电压和电流。这是指继电器允许加载的电压和电流。它决定了继电器能控制电压和电流的大小，使用时不能超过此值，否则很容易损坏继电器的触点。

控制时，用单片机 5V 电压驱动小功率继电器，再用小功率继电器控制大功率继电器，大功率继电器控制电机工作。选择时，主要选择额定工作电压和触点切换电流两个参数，对于小功率继电器线圈额定电压有直流 5V、12V、24V，对于大功率继电器线圈额定电压有交流电压和直流电压两种，交流电压又分为 220V 和 380V 两种。

任务 22.4 总结与评价

自主评价式展示，说说继电器是如何工作的，怎样绘制电路图，编程思路是什么，以及是如何编写程序实现的，展示自己的作品。

（1）集体讨论

① 为什么按下按钮之后需要延时一点时间再执行接下来的动作？

② 怎样判断继电器的常开触点和常闭触点，控制时它们有什么不同？

（2）思考与练习

除了书中所述编程思路之外，还有其他的编程思路可以实现此控制任务，如双分支结构。使用双分支结构，实现同样的控制效果。比较两种代码，哪个代码效率更高、更简洁。

（3）项目 22 已完成，在表 22-1 中画☆，最多画 3 个☆。

表 22-1 项目 22 评价表

评价描述	评价结果
能绘制电路原理图，并说清电路功能	
能按原理图连接硬件，并通过检测	
能使用书中的编程思路编写程序控制风扇，并测试成功	
能设计其他编程思路编写程序控制风扇，并测试成功	

项目 23　电机控制器

本项目讲解单片机如何控制电机工作。通过制作一个电机控制器，控制电机启动和停止。与制作风扇项目不同的是，通过选择合适的继电器就可以控制大功率直流电机或者交流电机，主要知识点按电机类型设计和绘制原理图，完成电路搭建。控制程序使用三分支结构编写程序，整体步骤如下：选择电子元器件→设计电路→编程控制→下载程序→调试程序，下面具体介绍。

任务 23.1 电机控制器硬件拼装

电机控制器可用于直流电机和交流电机。控制器包括将电机连接到电源的装置，还包括电机的过载保护以及电机和接线的过电流保护。电机控制器还可以监控电机的励磁电路，或检测诸如电源电压低、极性或相序不正确或电机温度高等状况。一些电机控制器会限制浪涌启动电流，实现电机软启动。电机控制器具有手动功能和全自动功能，全自动功能要使用内部定时器或电流传感器来实现。本项目实现简单的定时启动和停止功能。

本项目用继电器控制大功率直流电机或交流电机，用 ATMEGA328P-PN 单片机两个输出口分别控制正转继电器和反转继电器（小功率继电器），进而控制较大功率继电器，需要 3 个按钮，通过编写程序控制大功率电机。

选择 24V 小功率继电器作为驱动大功率继电器的继电器，大功率继电器驱动电机工作。实验过程不需要连接电机，只要继电器按要求动作就视为成功。

1. 电机控制器 CAD 原理图设计

原理图设计是根据应用功能需要选择器件，将器件用导线连接成控制电路，组成一个实用的产品，将这些电路用专用电气符号在计算机中制作出图纸，便于生产、维修和存档。制作图纸可以人工制作，也可以用计算机制作，现在全部用计算机制作，制作过程是先在专用软件中画出原理图，再用打印机打印出图纸。正反转电路原理相似，下面以正转电路为例绘制原理图。

（1）放置器件。

在原理图设计界面中左边的竖立工具页标签中选择“常用库”页标签，所有常用元器件出现在左边的窗口中，在窗口中选中电位器 PR1（名字可改），双击后该元件处于浮动状态，移动鼠标时，该元件也跟着移动，在双线红框（图纸）中的点格上找到中心点后单击，放下元件。按 Esc 键退出放置状态，可进行下一个元器件放置。分别可放置 ATMEGA328P-PN、1 个中间继电器 K1、1 个三相继电器 K2、1 个光耦、1 个 1kΩ 电阻、+5V 电源、GND 等器件。

（2）放置导线。

器件放置后进行导线连接，在原理图设计界面的主菜单栏中选择“放置”→“导线”命令，此时鼠标位置出现一个十字线，随着鼠标移动，选定导线起点后单击，鼠标此时还是十字线，将鼠标移动到终点后单击，一条导线放置完成。按 Esc 键退出放置状态，可进行下一条导线放置。

（3）保存文件。

选择“文件”→“另存为”→“工程另存为”命令，弹出文件保存窗口，在窗口中选择存储的盘号或桌面，如 D: 或桌面，在窗口中右击，通过快捷菜单中建立新文件夹，取名为 123，再打开 123 文件夹，命名为“起保停”，单击“保存”按钮即可。作出的电机控制器电路原理图如图 23-1 所示，这里制作出正转控制电路，反转电路读者自行制作。

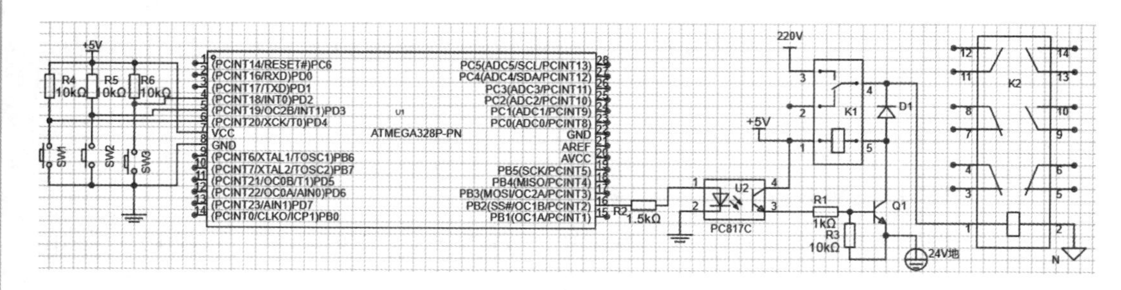

图 23-1　电机控制器电路原理图

经过以上绘制后，一个简单原理图设计完成，该电路的功能是用一个 5V 的电源给单片机供电，编程控制 PB2 输出高低电平，达到控制电机正转工作的目的。

电路工作过程是按下启动按钮，PB2 输出高电平，三极管 Q1 导通，将 24V 电压加入线圈两端，K1 线圈得电，K1 的常开触点 3 与 4 之间吸合，将交流 380V 电压加入 K2 线圈两端，K2 的常开触点 9 与 10、11 与 12、13 与 14 之间吸合，控制三相电机起动工作。按下停止按钮，编程控制 PB2 输出低电平，三极管 Q1 截止，K1 线圈失电，K1 的常开触点 3 与 4 之间断开，

K2 线圈失电，K2 的常开触点 9 与 10、11 与 12、13 与 14 之间断开，三相电机失电，停止工作。

2. 硬件组装调试

设计好原理图后，一般要同时设计好印制电路板，也叫作 PCB，做 PCB 有专门的厂家，价格较高，一般用多功能面包板代替，再买好器件，就可在面包板上连接电路。

（1）所需电子元件。除主板 + 面包板外，还需 2 只小功率继电器、1 只 1kΩ 电阻、2 只大功率继电器、3 只按钮、若干彩色面包板上的连接线，其规格、数量和外形如表 23-1 所示。

表 23-1　器件规格、数量和外形

器　件	规格	数量	外　形
彩色连接线	—	若干	
小功率继电器	—	2 只	见图 22-5
电阻	1kΩ	1 只	
大功率继电器	—	2 只	见图 22-6
按钮	—	3 只	

（2）硬件连接。本项目弱电部分只有 CPU 芯片、一个电阻、一个三极管，两个继电器都可以直接放到桌子或专用支架上，本项目用小模块将电阻 R1、R2、R3，光耦 U2，三极管 Q1，二极管 D1，5V 继电器集成在一小块印制电路板上（只有实验室这样设计），按键和继电器模块外形如图 23-2 所示。该继电器模块的用法在项目 22 中已经学习并使用过，这里不再赘述。

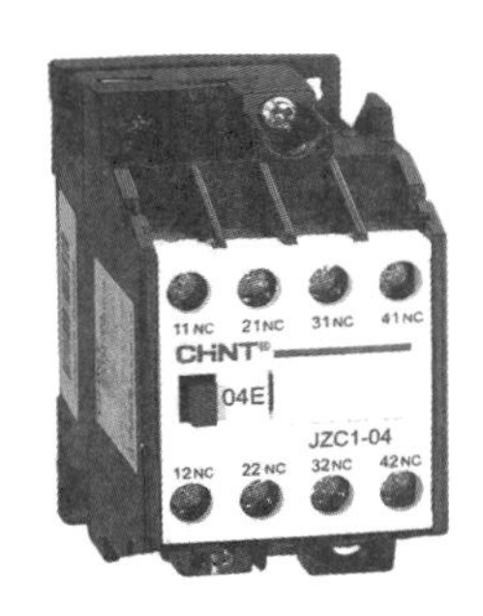

图 23-2　按键和继电器模块外形

外接大功率继电器，实现低电压对高电压大电流的控制，由于三相电比较危险，实验时，只听继电器响声就可以达到目的，工作时继电器吸合或断开（释放）时，都有较大响声，小功率继电器声音小些，大功率继电器声音大些，这两者很好区分。

本项目需要 5V 和 24V 两个电源，注意 5V 电源地线和 24V 电源地线的处理。图 23-1 是工业控制接线方法，工厂中干扰较大，CPU 芯片必须与高电压严格隔离，否则无法工作，因为继电器会乱动作。

（3）硬件调试。制作好电路后，要对电路进行检查，检查时用电压法，一般方法是在关键点注入电压，有时用高电平，有时用低电平，本项目就用一根导线将输出端插孔直接接高电平（5V），若此时继电器动作，说明电路没有问题。

任务 23.2　电机控制器编程控制

完成电路原理图和硬件电路接线，测试也没有问题，就可以进行 Python 语言的编程控制了。

1. 电机起保停控制

电机起保停控制，也就是电机起动、保持、停止控制，任何电机都要进行这些控制，生活中也经常可以看到，如电风扇、电梯、汽车等。

电机可以正转，也可以反转，按下正转按钮时，电机持续正转，按下反转按钮时，电机持续反转，按下停止按钮时，电机停止转动。当然，一台电机是不可能同时反转和正转的。正、反转切换时不能太快，最好电机完全停止转动后再切换，不然会产生大电流，烧坏电机。

实验环节中的 3 个按键模块分别当作正转按钮、反转按钮和停止按钮。编程时首先对输入和输出引脚初始化，包括 3 个输入引脚、2 个输出引脚，引脚功能分配如下。

3 个按键为输入，正转按钮接引脚 2，反转按钮接引脚 3，停止按钮接引脚 4。两个输出信号外接中间继电器：正转继电器接引脚 10；反转继电器接引脚 11。

2. 电机控制器编程

用 Python 语言编写初始化程序如图 23-3 所示。

```
1    from pinpong.board import Board,Pin    #导入主板和pinpong库
2    Board("uno").begin()                  #主板初始化
3    正转按钮=Pin(Pin.D2,Pin.IN)             #初始化，引脚2为电平输入
4    反转按钮=Pin(Pin.D3,Pin.IN)             #初始化，引脚3为电平输入
5    停止按钮=Pin(Pin.D4,Pin.IN)             #初始化，引脚4为电平输入
6    正转=Pin(Pin.D10,Pin.OUT)              #引脚10为电平输出，正转继电器
7    反转=Pin(Pin.D11,Pin.OUT)              #引脚11为电平输出，反转继电器
```

图 23-3　电机控制初始化

使用三分支结构编写循环程序。电机正转输出时，即使按钮松开也依然可以保持正转状态，直到按下停止按钮。因此，编写程序时，应增加“自锁”功能，编写程序如图 23-4 所示。

```
8   while True:
9       if(正转按钮.read_digital()==1):                #如果按下正转按钮
10          正转.write_digital(1)                      #正转继电器得电，电机正转
11          while not(停止按钮.read_digital()==1):     #正转自锁
12              正转.write_digital(1)
13      elif(反转按钮.read_digital()==1):              #如果按下反转按钮
14          反转.write_digital(1)                      #反转继电器得电，电机反转
15          while not(停止按钮.read_digital()==1):     #反转自锁
16              反转.write_digital(1)
17      elif(停止按钮.read_digital()==1):              #如果按下停止按钮
18          正转.write_digital(0)                      #正转停止
19          反转.write_digital(0)                      #反转停止
```

图 23-4　初始化程序

连接通信电缆，运行程序，按下相应的按钮，观察运行结果。当按下正转按钮时，正转继电器动作；按下停止按钮时，正转继电器断开；按下反转按钮时，反转继电器动作。

3. 电机控制器程序调试

如果没有自锁控制，程序执行后会有怎样的现象。自己修改程序，观察运行结果，体会什么是“自锁”。

任务 23.3　芯片的制作流程及原理

芯片是一种集成电路，由大量的晶体管构成。不同的芯片有不同的集成规模，大到几百亿，小到几十、几百个晶体管。晶体管有两种状态，即开和关，分别用 1 和 0 表示。多个晶体管产生多个 1 和 0 的信号，这些信号被设定成特定的功能（即指令和数据），来表示或处理字母、数字、颜色和图形等。芯片加电以后产生一个启动指令来启动芯片，以后不断接受新指令和数据来完成功能。芯片制作过程是一个工艺极其复杂、制作难度极高的过程。

1. 芯片制作流程

芯片的制作流程细分起来非常复杂，从高纯度厂房建设到封装测试，每一个环节都过程烦琐。按大步骤分，通常包括以下几个主要步骤。

（1）设计。芯片设计是芯片制作的第一步，通过使用计算机辅助设计（CAD）工具，设计师将电路和功能布局转换为芯片的物理结构和电路图。

（2）掩膜制作。根据设计好的芯片电路图，制作掩膜。掩膜是一个光刻板，上面有芯片的电路图案，用于将电路图案转移到硅片上。

（3）晶圆制备。晶圆是芯片制作的基础，通常采用单晶硅材料。晶圆制备包括去除杂质、涂覆光刻、曝光、显影等步骤，最终得到一个平整的晶圆表面。

（4）光刻。将掩膜对准晶圆，通过紫外光照射，将掩膜上的电路图案转移到晶圆表面的光刻胶上。

（5）蚀刻。利用化学蚀刻方法，将未被光刻胶保护的部分硅片蚀刻掉，形成电路的结构，如图 23-5 所示。

图 23-5 蚀刻芯片

（6）沉积。在蚀刻后的硅片上沉积金属或绝缘层，用于连接和隔离电路。

（7）清洗和检测。清洗晶圆以去除残留的杂质和化学物质，然后进行电性能测试和质量检测，确保芯片的质量和性能。

（8）封装和测试。将芯片封装在塑料或陶瓷封装中，连接引脚和外部电路。然后进行功能测试、可靠性测试和性能验证。

2. 芯片制作原理

芯片制作原理基于半导体材料的特性和微电子工艺的原理。半导体材料，如硅，具有特殊的电导特性，可以通过控制材料的掺杂和结构，形成不同的电子器件，如晶体管、电容器和电阻器等。微电子工艺通过光刻、蚀刻、沉积和清洗等步骤，将电路图案转移到半导体材料上，并形成多个层次的电路结构。这些电路结构通过金属线路和绝缘层连接起来，形成完整的芯片电路。

最后，芯片封装和测试确保芯片的可靠性和性能。整个制作过程需要高精度的设备和工艺控制，以确保芯片的质量和性能。

任务 23.4 总结与评价

自主评价式展示，说说制作电机控制器的全过程，介绍所用每个电子元器件的功能，电子 CAD 放置继电器的方法和步骤，每条指令的作用和使用

方法。展示自己制作的电机控制器作品。

（1）集体讨论

① 电子 CAD 是怎样找到需要放置的元器件的？

② 怎样放置文字？

（2）思考与练习

① 修改程序，正转后按下停止按钮停止转动或者延时 10 秒自动停止转动。

② 怎样移动和改变器件参数的位置和排列？

（3）项目 23 已完成，在表 23-2 中画☆，最多画 3 个☆。

表 23-2　项目 23 评价表

评价描述	评价结果
能绘制电路原理图，能说清电路功能	
能按原理图连接硬件，并通过检测	
能使用书中的编程思路编写程序控制电机，并测试成功	

项目 24　报　警　器

本项目认识一个新的电子元件——蜂鸣器，从字面意思就可以知道，这是一个会发声的元件。制作一个报警器，通过连接蜂鸣器到 Arduino 数字输出引脚，并配合相应的程序就可以产生报警器的声音。其原理是利用正弦波产生不同频率的声音。如果结合一个 LED，配合同样的正弦波产生灯光，就是一个完整的报警器了。

按钮输入和蜂鸣器输出都是数字量控制，主要知识点是学习使用 tone 函数和蜂鸣器输出语句，通过设置频率参数发出不同的声音。

任务 24.1　报警器硬件拼装

如何实现蜂鸣器报警器，首先要了解电子元器件功能，蜂鸣器要想发声，需要在蜂鸣器两端加 5V 电压，还要自动实现蜂鸣器电压通断。本项目用 ATMEGA328P-PN 单片机的一个输出口接一个蜂鸣器，使用一个输入口接按键模块，再编程控制使用按钮控制蜂鸣器按要求发出声音。

1. 报警器 CAD 原理图设计

原理图设计是根据应用功能需要选择器件，将器件用导线连接成控制电路，组成一个实用的产品，将这些电路用专用电气符号在计算机中制作出图纸，便于生产、维修和存档。本项目分别可放置 ATMEGA328P-PN、1 个按钮、1 个蜂鸣器、1 个三极管、1 个 1kΩ 电阻、+5V 电源、GND 等器件。器件放置后再进行导线连接，完成电路设计，进行保存，命名为“报警器”，经过以上绘制后，一个简单原理图设计完成，如图 24-1 所示。

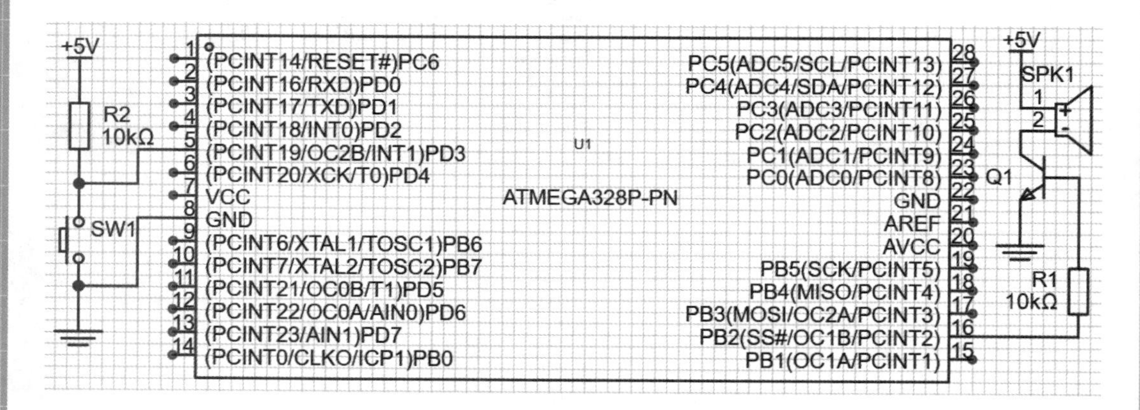

图 24-1　报警器原理图

2. 硬件组装调试

根据原理图准备所需硬件，用多功能面包板连接电路。电路图连接较为简单，如果使用模块化元件，只需使用一个按键模块和一个蜂鸣器，使用分立元件时按原理图搭建电路。

（1）所需电子元件。除主板 + 面包板外，还需一只按钮，若干彩色面包板上的连接线，一只 330Ω 电阻和一个蜂鸣器，其规格、数量和外形如表 24-1 所示。

表 24-1　器件规格、数量和外形

器　件	规格	数量	外　　形
彩色连接线	—	若干	
LED	5mm	1	
电阻	1kΩ	1	
蜂鸣器	—	1	
按钮	—	1	

（2）硬件连接。取出所需元件，按照图 24-2 所示连接。用绿色与黑色的杜邦线连接元件，使用面包板上其他孔也可以，只要元件和线的连接顺序与图 24-1 所示保持一致即可。确保蜂鸣器连接是否正确，蜂鸣器长脚为 +，接引脚 10，短脚为 −，即 GND。图 24-2 中没有按键，自行按图 24-1 所示原理图接入按键。

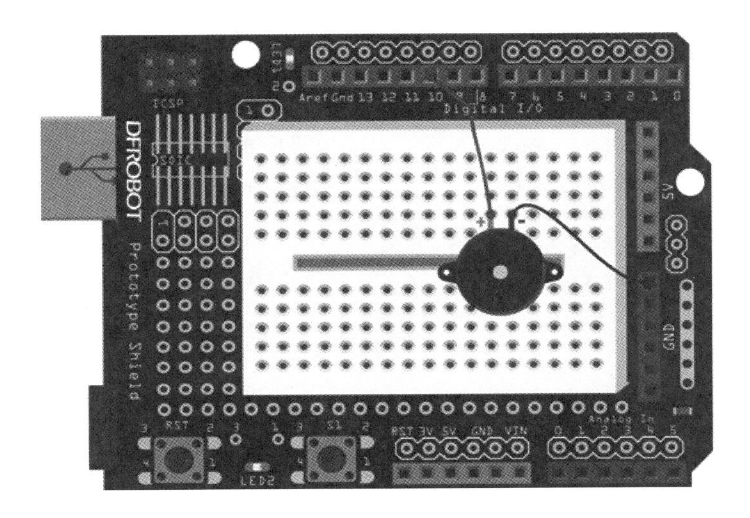

图 24-2　报警器

（3）硬件调试。制作好电路后，要对电路进行检查，可以用电压检查法，用一根导线将蜂鸣器一端直接接电源负极（地），若此时蜂鸣器发声，说明蜂鸣器没有问题，接下来再编写程序测试。

任务 24.2 报警器编程控制

根据电路图和接线图编写程序，和使用主板、引脚控制一样，使用蜂鸣器时，需要首先从 pinpong 库中导入 tone 函数。此外还需要对蜂鸣器进行初始化操作。当按下按钮时，蜂鸣器发出连续的、频率不同的声音。

按钮信号使用引脚 3 输入，蜂鸣器信号使用引脚 10 输出。蜂鸣器以特定的频率持续运行特定的时间，使用语句 Tone.tone（频率，时间），频率数值越大，频率越高，声音听起来越刺耳。频率单位是 Hz，时间单位是 ms。

报警器编程代码如图 24-3 所示。频率参数随机指定，用几条蜂鸣器发生指令，就会有几段声音，直到全部语句执行结束。

```
1   from pinpong.board import Board, Pin  #导入主板
2   from pinpong.board import Tone         #导入蜂鸣器
3   Board("uno").begin()                   #初始化端口
4   按钮 = Pin(Pin.D3, Pin.IN)             #初始化，使用引脚3为按钮输入
5   蜂鸣器 = Pin(Pin.D10, Pin.OUT)         #初始化，使用引脚10为蜂鸣器输出
6   t= Tone(蜂鸣器)                        #初始化，蜂鸣器
7   while True:
8       if (按钮.read_digital() == 1):     #当按钮按下时，蜂鸣器发出连续声音
9           t.tone(200,300)               #蜂鸣器频率是200Hz，持续300ms
10          t.tone(300,100)
11          t.tone(400,500)
12          t.tone(500,500)
13          t.tone(600,500)               #蜂鸣器频率是600Hz，持续500ms
```

图 24-3 报警器编程代码

连接通信电缆，单击“运行”按钮，观察程序执行结果。可以看到，当按下按钮时，蜂鸣器一次发出 5 段声音，随后停止。

尝试增加或减少蜂鸣器发生指令，让蜂鸣器发出其他声音，模拟生活中

常见的报警声。

任务 24.3　蜂鸣器的发展

蜂鸣器是一种一体化结构的电子讯响器，采用直流电压供电，广泛应用于计算机、打印机、复印机、报警器、电子玩具、汽车电子设备、电话机、定时器等电子产品中作发声器件。

蜂鸣器在电路中用字母 H 或 HA（旧标准用 FM、ZZG、LB、JD 等）表示。图形符号如图 24-4 所示。

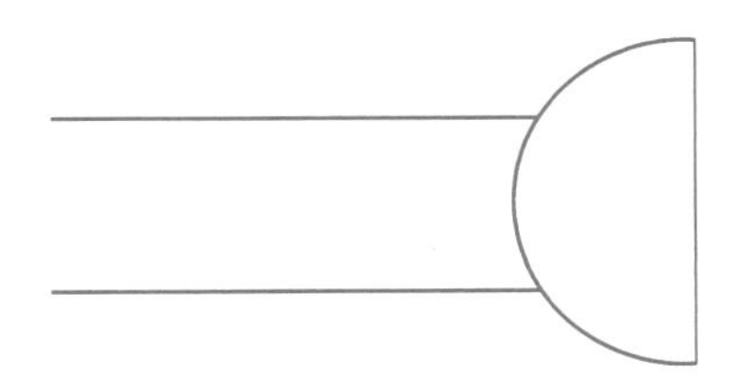

图 24-4　蜂鸣器图形符号

蜂鸣器主要分为压电式蜂鸣器和电磁式蜂鸣器两种类型。

1. 压电式蜂鸣器

压电式蜂鸣片由锆钛酸铅或铌镁酸铅压电陶瓷材料制成。在陶瓷片的两面镀上银电极，经极化和老化处理后，再与黄铜片或不锈钢片粘在一起。

压电陶瓷片是一种电子发音元件，在两片铜制圆形电极中间放入压电陶瓷介质材料，当在两片电极上面接通交流音频信号时，压电片根据信号的大小、频率发生振动而产生相应的声音。压电陶瓷片由于结构简单、造价低廉，被广泛应用于电子电器方面，如玩具、发音电子表、电子仪器、电子钟表、定时器等方面。超声波电机就是利用相关的性质制成。

压电式蜂鸣器具有体积小、灵敏度高、耗电小、可靠性好、造价低廉的特点和良好的频率特性，因此广泛应用于各种电器产品的报警。最常见的莫过于在音乐贺卡、电子门铃和电子玩具等小型电子产品上作发声器件。

2. 电磁式蜂鸣器

电磁式蜂鸣器由振荡器、电磁线圈、磁铁、振动膜片及外壳等组成，接通电源后，振荡器产生的音频信号电流通过电磁线圈，使电磁线圈产生磁场，振动膜片在电磁线圈和磁铁的相互作用下，周期性地振动发声。

压电式蜂鸣器是以压电陶瓷的压电效应来带动金属片的振动而发声；电磁式蜂鸣器则是用电磁的原理，通电时将金属振动膜吸下，不通电时依振动膜的弹力弹回，故压电式蜂鸣器是以方波来驱动，电磁式蜂鸣器则是以 1/2 方波驱动。压电式蜂鸣器需要比较高的电压才能有足够的音压，一般建议为 9V 以上。有些规格的压电式蜂鸣器的音压可以达到 120dB 以上，较大尺寸的蜂鸣器的音压很容易达到 100dB。电磁式蜂鸣器用 1.5V 就可以发出 85dB 以上的音压了，它只有消耗的电流会大大高于压电式蜂鸣器，而在相同的尺寸时，电磁式蜂鸣器响应频率可以比较低；电磁式蜂鸣器的音压一般最多到 90dB。机械式蜂鸣器是电磁式蜂鸣器中的一个小类别。

无论是压电式蜂鸣器还是电磁式蜂鸣器，都有有源蜂鸣器和无源蜂鸣器两种区分。有源蜂鸣器和无源蜂鸣器的根本区别是输入信号的要求不一样。这里的“源”不是指电源，而是指振荡源，有源蜂鸣器内部带振荡源，就是只要一通电就会响，适合做一些单一的提示音。无源蜂鸣器内部不带震荡源，如果仅用直流信号无法使其发声，必须用 2~5K 的方波去驱动它，但是无源蜂鸣器比有源蜂鸣器音效更好，适合于需要多种音调的应用。

从外观上看，有源蜂鸣器和无源蜂鸣器的区别在于，有源蜂鸣器有长、短脚，也就是所谓的正、负极，长脚为正极，短脚为负极。而无源蜂鸣器则没有正负极，两个引脚长度相同。初学者通常选用的蜂鸣器类型是电磁式无源蜂鸣器。有兴趣的读者可以买一个有源蜂鸣器，直观感受一下两者的区别。

任务 24.4　总结与评价

自主评价式展示，说说制作报警器的全过程，介绍所用每个电子元器件的功能，电子 CAD 使用方法和步骤，每条指令的作用和使用方法。展示制作的报警器作品。

（1）集体讨论题

① 如何写出能发出悠扬悦耳声音的程序？

② 怎样判断蜂鸣器的好坏？

（2）思考与练习

① 增加一个红色 LED 灯和一个真正的报警器。提示：让声音和发光节奏保持一致。

② 制作一个简易门铃，每次按下按钮，蜂鸣器发出提示音。

（3）项目 24 已完成，在表 24-2 中画☆，最多画 3 个☆。

表 24-2　项目 24 评价表

评 价 描 述	评 价 结 果
能绘制电路原理图，能说清电路功能	
能按原理图连接硬件，并通过检测	
能完成书中程序，让蜂鸣器发生声音	
能自行设计相关产品，并编写程序实现	

项目 25　声光双控楼道灯

白天，楼道在阳光照射下并不昏暗时，声音再大，楼道灯也是不会亮的。这是因为，楼道灯受到光线和声音的双重控制。

通过声音和光照强度控制楼道灯，实现楼道灯智能无接触点亮和熄灭。当环境光线暗到一定程度，且环境中有一定强度声音时（开灯指令或震动等），继电器才会接通，让电灯通电。这种控制让灯光不会一直点亮，只在有需要时短暂点亮照明。

本项目认识光敏传感器和声音传感器，通过连接电路和编写程序制作一个双控楼道灯，主要知识点是学习模拟量的控制方法，以及两种传感器的调节和参数设置。只有正确设定了传感器参数，才能实现控制。

任务 25.1　硬件及其电路

只用声控开关时，有声音就会亮灯，只有光敏开关时，环境光线变暗就一直亮灯。在实际控制中这两种都存在缺陷，造成电能的浪费。当环境光线达到一定数值并且声音强度达到一定数值才能亮灯。本任务使用 Arduino 主板、光敏传感器模块和声音传感器模块。

1. 器件识别

光敏传感器模块有两种控制方式，分别是数字量（DO）和模拟量（AO）。本项目使用的是模拟量控制方式，可以判断环境光线强度，如图 25-1 所示。

图 25-1　光敏传感器模块

光照强度检测使用光敏传感器模块，光敏传感器是把光信号变成电信号的一种传感器，是利用半导体的光电效应制成的一种电阻值随入射光的强弱而改变的电阻器；入射光强，电阻减小，入射光弱，电阻增大。因此，使用 AO 输出接口时，阻值大于一定值时，输出高电平，用于检测环境光线明暗程度。如果使用 DO 输出接口，只判断光线有无，当有光线时，模块输出低电平，无光线时输出高电平。

声音强度检测使用声音传感器模块，分别有模拟量输出接口（AO）和数字量输出接口（DO）。使用 AO 输出接口时，可以检测出声音强度，DO 输出口只能判断声音有无，如图 25-2 所示。

图 25-2　声音传感器模块

使用 AO 接口时，在环境声音强度达不到设定阈值时，AO 输出低电平，当外界环境声音强度超过设定阈值时，模块 AO 输出高电平。

2. 声光双控楼道灯 CAD 原理图设计

原理图设计是根据应用功能需要，选择器件，将器件用导线连接成控制电路，组成一个实用的产品。使用主板 A0 引脚连接光敏传感器 A0 端子，使用主板 A1 引脚连接声音传感器 A0 引脚，使用引脚 8 为继电器输出信号，控制电灯点亮。

本项目分别可放置 ATMEGA328P-PN、1 个声音传感器、1 个光敏传感器、1 个继电器或 1 个 LED 指示灯、1 个 220Ω 电阻、+5V 电源、GND 各器件。器件放置后再进行导线连接，保存文件，命名为“双控楼道灯”，保存即可。经过以上绘制后，一个简单原理图设计完成，如图 25-3 所示。

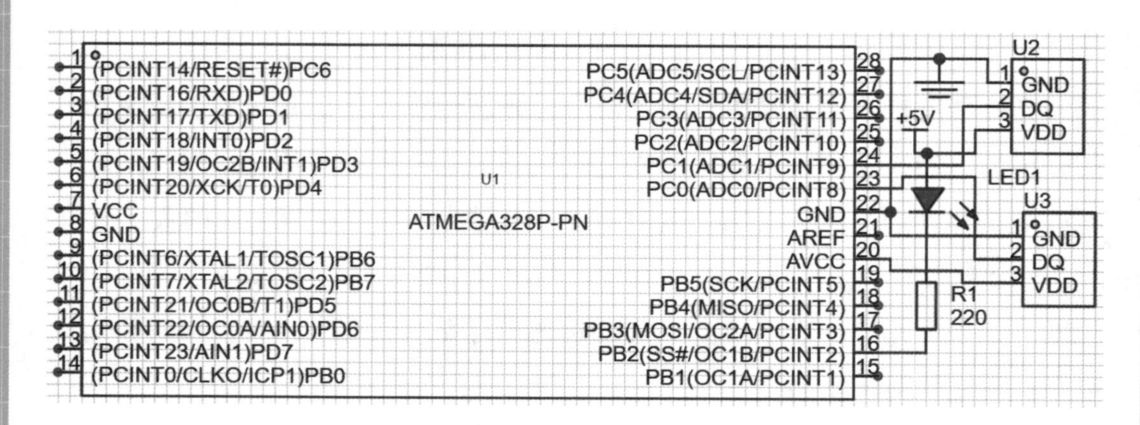

图 25-3　双控灯原理图

3. 硬件组装调试

设计原理图后，准备所需器件，本项目购买专门设计的小模块，用模块连接成电气控制电路。

（1）所需电子元件。本项目使用 Arduino 主板，1 个光敏传感器模块，1 个声音传感器模块，1 个继电器模块，若干彩色连接线，各器件的数量和外形如表 25-1 所示。

表 25-1　器件数量和外形

器　　件	数量	外　　形
彩色连接线	若干	
光敏传感器模块	1	见图 25-1
声音传感器模块	1	见图 25-2
继电器或 LED	1	

（2）硬件连接。本项目由专用的小集成模块实现，使用时只要按照小模块上的标注接线即可。光敏传感器连接引脚 A0；声音传感器连接引脚 A1；LED 灯连接引脚 8。注意插线时的颜色对应。双控灯接线图如图 25-4 所示。

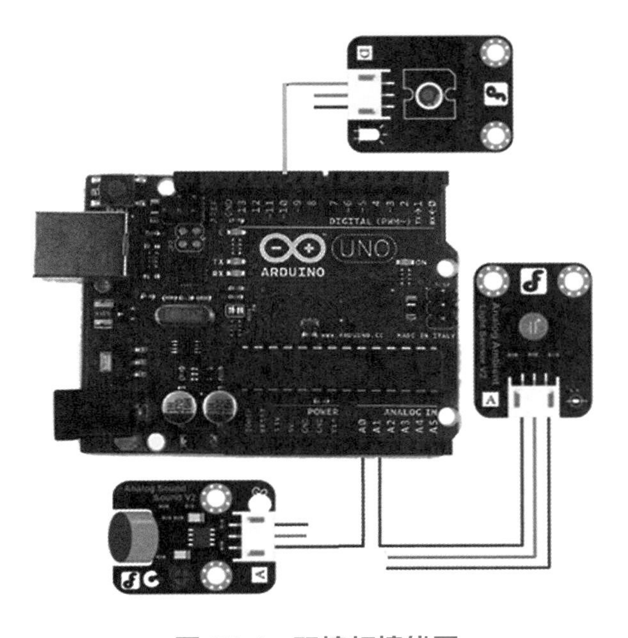

图 25-4　双控灯接线图

（3）硬件调试。搭建完的电路需要进行检查，以确保元器件和接线都是完好的。检查方法有多种，本项目适合用程序测试，在程序中设定参数，再调节模块上的电位器确定阈值。

任务 25.2　声光双控楼道灯编程控制

相关硬件的使用方法和接线已经做了介绍，在此基础上，可以设计控制程序了。以模拟量控制为例，使用 A0 口控制光敏模块，A1 口控制声音模块。使用引脚 8 控制继电器，继电器（这里用 LED 代替）是高电平有效，当 D8 口输出高电平 1 时，继电器接通，延时 3 秒后断开，灯灭。

模拟量输入端口需初始化才能使用，初始化语句是引脚名 =Pin（Pin.A0, Pin.ANALOG），其中 ANALOG 是英文“模拟量”的意思。

判断条件时，光敏传感器和声音传感器这两个判断条件的关系是“且”，在 Python 语言中其连接符是 and。

本程序设置了 3 秒延时，便于观察现象。在实际使用时，可以根据实际情况增加延时。按照以上设计，编写代码如图 25-5 所示。分别调节传感器上的电位器旋钮，使其达到临界阈值，即模块上对应的 LED 信号灯亮，此时反方向调整，使其刚好不亮即可确定阈值。

```
1   from pinpong.board import Board, Pin  #导入主板
2   import time
3   Board("uno").begin()                   #初始化端口
4   guangmin = Pin(Pin.A0, Pin.ANALOG)     #初始化，使用引脚A0光敏模块输入
5   shengyin=Pin(Pin.A1, Pin.ANALOG)
6   jidianqi= Pin(Pin.D8, Pin.OUT)         #初始化，使用引脚8为继电器输出
7   while True:
8       if ((shengyin.read_analog()>500) and(guangmin.read_analog()>200)):  #条件判断
9           jidianqi.write_digital(1)
10          time.sleep(3)
11          jidianqi.write_digital(0)
```

图 25-5　编写代码

连接通信电缆，单击“运行”按钮，下载并观察程序执行结果。当室内

光线充足时，捏住光敏电阻可模拟光线较暗的环境（阻值增大），此时稍用力朝着声音模块上的传声器吹气（触发传声器薄膜振动），触发 D8 输出高电平，继电器动作（或者 LED 灯亮）。

这样就实现了当环境光变暗时，且有一定强度声音时，楼道灯亮一定时间。其他情况下，如白天或者声音太弱时都不会亮灯。

接下来介绍声光双控楼道灯程序调试。

编写程序时注意语法格式，减少语法错误，提高调试成功率。

如果模拟测试不成功，可能是阈值调节不当，不改变程序中的参数，只调节电位器旋钮重新设定阈值。

熟悉阈值设定方法后，也可以改变程序中的阈值，再通过调节电位器重新确定新的阈值。

任务 25.3　光敏传感器

光敏传感器是最常见的传感器之一，其中，红外接收管外形如图 25-6 所示。

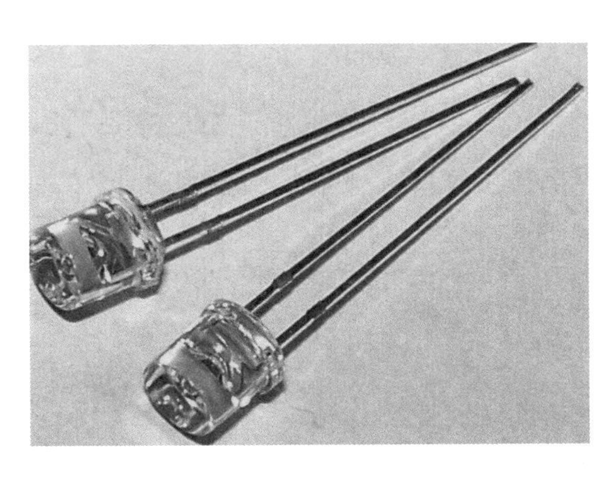

图 25-6　红外接收管外形

1. 工作原理

光敏传感器是利用光敏元件将光信号转换为电信号的传感器，它的敏感波长在可见光波长附近，包括红外线波长和紫外线波长。光敏传感器不只局限于对光的探测，还可以作为探测元件组成其他传感器，对许多非电量进行检测，只要将这些非电量转换为光信号的变化即可。

2. 分类

光敏传感器是最常见的传感器之一，它的种类繁多，主要有光电管、光电倍增管、光敏电阻、光敏三极管、太阳能电池、红外线传感器、紫外线传感器、光纤式光电传感器、色彩传感器、CCD 和 CMOS 图像传感器等。光传感器是产量最多、应用最广的传感器之一，它在自动控制和非电量电测技术中占有非常重要的地位。最简单的光敏传感器是光敏电阻，当光子冲击接合处就会产生电流。它能感应光线的明暗变化，输出微弱的电信号，通过简单电子线路放大处理，可以控制 LED 具的自动开关。因此在自动控制、家用电器中得到广泛应用，对于远程的照明灯具，如在电视机中作亮度自动调节，在照相机中作自动曝光。另外，在路灯、航标等自动控制电路、卷带自停装置及防盗报警装置等也有广泛应用。

任务 25.4　总结与评价

自主评价式展示，说说制作红外线感应器的全过程，介绍所用每个电子元器件的功能，电子 CAD 放置继电器的方法和步骤，每条指令的作用和使用方法。展示制作的红外线感应器作品。

（1）集体讨论题

① 搜集传感器的种类及工作原理。

② 搜集各类传感器维修方法。

（2）思考与练习

使用数字量输出接口，设计并编写程序，实现无光线且有声音时，继电器动作（或者 LED 灯亮）。

（3）项目 25 已完成，在表 25-2 中画☆，最多画 3 个☆。

表 25-2　项目 25 评价表

评 价 描 述	评 价 结 果
能绘制电路原理图，能说清电路功能	
能按原理图连接硬件，并通过检测	
能使用书中的编程思路编写双控灯，并测试成功	
能修改程序参数，设定传感器阈值	

项目 26 舵　　机

本项目认识一种新的控制元件——舵机。舵机是一种电机，它使用一个反馈系统来控制电机的位置，可以很好地掌握电机角度。大多数舵机可以最大旋转 180°，也有一些能转更大角度，甚至 360°。舵机较多地用于对角度有要求的场合，如摄像头，智能小车前置探测器，需要在某个范围内进行监测的移动平台；可以将舵机与玩具结合，让玩具动起来；还可以用多个舵机做一个小型机器人，舵机就可以作为机器人的关节部分。总之，舵机的用处很多。

这个项目中，学习舵机自动控制器的设计方法，主要知识点就是怎样用单片机控制舵机按设定的角度转动。

任务 26.1 舵机自动控制器硬件拼装

舵机的自动控制信号实际上是一个脉冲宽度调制信号（PWM 信号），该信号可由 FP-GA（现场可编程门阵列）器件、模拟电路或单片机产生。转动多少角度由脉冲宽度变化来控制，若设定旋转 180°，每次增加 1，舵机转动 180°，再每次减少 1，舵机转动旋转到原处，反复循环，反复旋转。

1. 舵机识别

舵机主要是由外壳、电路板、驱动电机、减速器与位置检测元件构成。其工作原理是由接收机发出信号给舵机，经由电路板上的 IC 驱动无核心电机开始转动，透过减速齿轮将动力传至摆臂，同时由位置检测器送回信号，判断是否已经到达定位。位置检测器其实就是可变电阻，当舵机转动时电阻值也会随之改变，借由检测电阻值便可知转动的角度。

一般的伺服电机是将细铜线缠绕在三极转子上，当电流流经线圈时便会产生磁场，与转子外围的磁铁产生排斥作用，进而产生转动的作用力。依据物理学原理，物体的转动惯量与质量成正比，因此要转动质量越大的物体，所需的作用力也越大。舵机为求转速快、耗电小，于是将细铜线缠绕成极薄的中空圆柱体，形成一个重量极轻的无极中空转子，并将磁铁置于圆柱体内，这就是空心杯电机。

为了适合不同的工作环境，有防水及防尘设计的舵机；并且因不同的负载需求，舵机的齿轮有塑胶及金属之分，金属齿轮的舵机一般皆为大扭力及高速型，具有齿轮不会因负载过大而崩牙的优点。较高级的舵机会装置滚珠轴承，使得转动时能更轻快精准。滚珠轴承有一颗及二颗的区别，当然是二颗的比较好。新推出的 FET 舵机，主要是采用 FET（Field Effect Transistor）场效电晶体。FET 具有内阻低的优点，因此电流损耗比一般电晶体少。图 26-1 为舵机外观图和内部结构图。

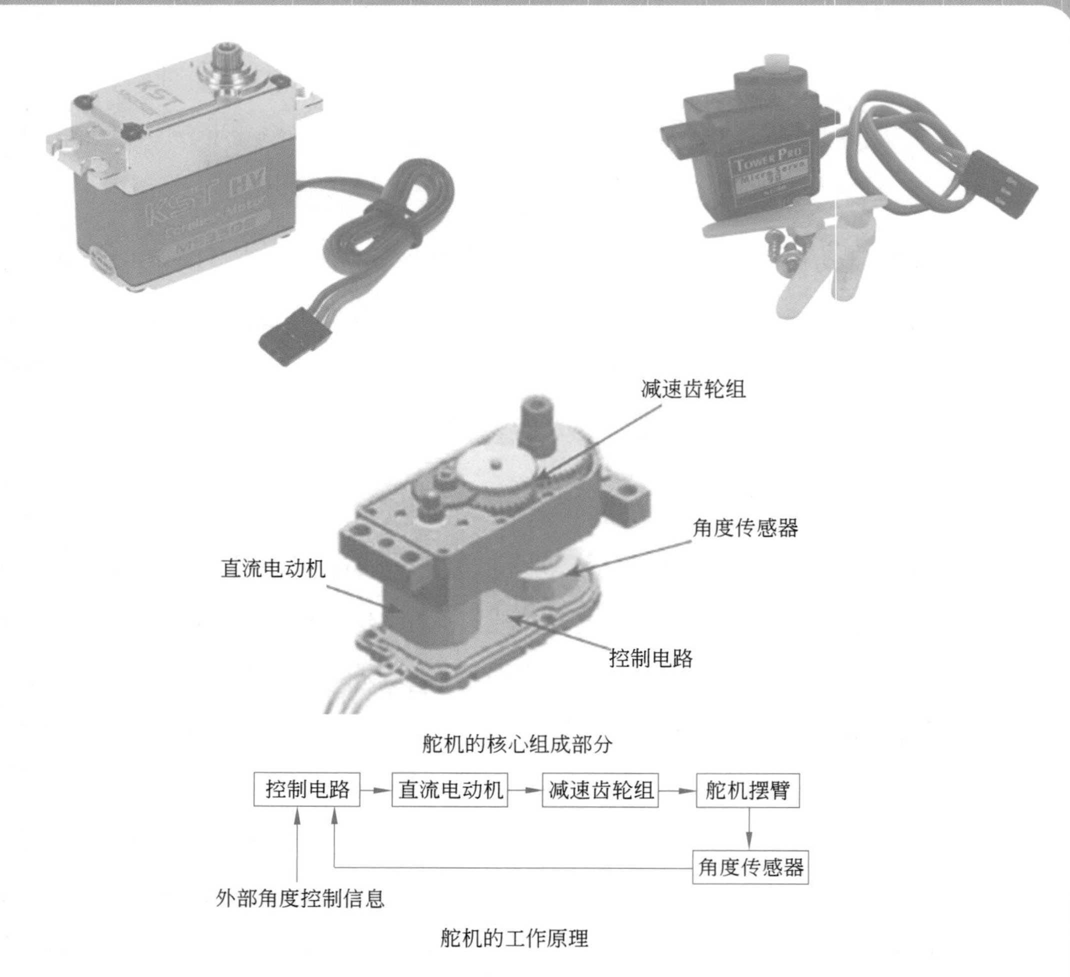

图 26-1　舵机外观图和内部结构图

2. 舵机自动控制器 CAD 原理图设计

打开 CAD 软件，在主界面中分别可放置 ATMEGA328P-PN、1 个舵机、+5V 电源、GND 等器件。器件放置完后，再放置导线，保存文件，命名为“舵机”，设计后的电路图如图 26-2 所示。

3. 硬件组装调试

根据原理图，选择器件，直接按图 26-2 所示的电路图连接各器件，本项目使用 Arduino 主板和舵机模块。

（1）所需电子元件。

本项目使用主板和舵机，其数量和外形如表 26-1 所示。

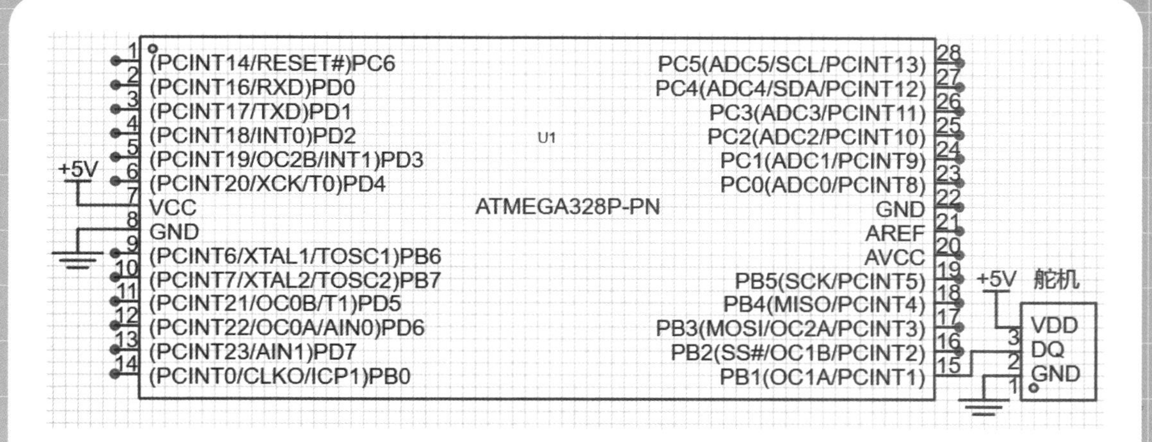

图 26-2　舵机自动控制器电路图

表 26-1　器件数量和外形

器　　件	数量	外　　形
彩色连接线	若干	
小功率舵机	1	见图 26-1（a）

（2）硬件连接。

本项目的连线很简单，只需按要求连接舵机 3 根线即可，连的时候注意顺序，舵机引出三根线，一根是红色，接到 +5V 电源上；一根是棕色（有些是黑色），接到 GND；还有一根是黄色或者橘色，连到引脚 9，如图 26-3 所示。

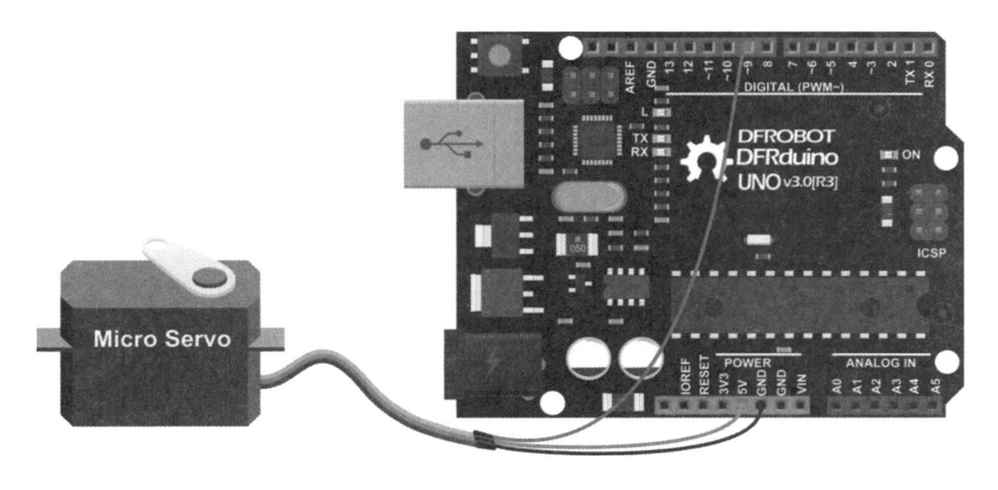

图 26-3　舵机自动控制器

（3）硬件调试。

制作好电路后，要对电路进行检查，确保舵机接线和控制引脚号正确。舵机功能检测需配合程序进行。

任务 26.2　舵机自动控制器编程

按图 26-3 所示的接线方法，使用引脚 9 为舵机输出信号，编程控制有如下 3 种方法。一个是输入固定角度值，舵机按规定时间到达固定角度值，一种是输入每次增加（或减少）的角度值，到达指定角度后停止；还有一种就是用电位器来控制舵机转动角度，电位器转动多少度，舵机就转动多少度。

使用 Arduino 自带的 Servo 库对舵机进行控制，按之前学习的方法导入 Servo 库，注意库名称的首字母应大写。

1. 输入固定角度值

输入固定角度值，常用来控制转动固定角度的自动化场所，转动角度可以任意输入。在循环主程序中，首先让舵机回到初始的 0°，再转到 180°，间隔时间是 1s。编写程序如图 26-4 所示。

```
1    from pinpong.board import Board,Pin  #导入主板
2    from pinpong.board import Servo      #导入 Servo 库
3    import time
4    Board("uno").begin()
5    舵机 = Pin(Pin.D9, Pin.OUT)          #初始化舵机，使用引脚9输出
6    S=Servo(舵机)                        #创建舵机
7    while True:
8        S.write_angle(0)                 #写入，角度为0
9        time.sleep(1)
10       S.write_angle(180)               #写入，角度为180
11       time.sleep(1)
```

图 26-4　固定角度转动程序

连接通信线，下载并观察程序运行效果。单击“运行”按钮，可以看到，舵机从 0° 位置转到 180°，又回到 0°，如此反复循环。

2. 每次增加 1 度

有些控制过程要求舵机转动角度更精确和慢速移动，如钟表里秒针一般移动，如每次仅增加或减少 1°。

控制舵机从 0° 到 180° 转动，每次增加 1°。可以发现，角度不再是固定的，而是一个变量，初始值为 0，每次增加 1，直到 180。

导入库和初始化代码不变，增加 pos 表示角度变量，每循环 1 次，数值自增 1，直到 180° 时停止循环，编写代码如图 26-5 所示。

```
1   from pinpong.board import Board,Pin
2   from pinpong.board import Servo
3   import time
4   Board("uno").begin()
5   舵机 = Pin(Pin.D9, Pin.OUT)      #初始化舵机，使用引脚9输出
6   S=Servo(舵机)
7   pos=0                           #初始化变量，角度为0
8   while pos<180:                  #当小于180°时
9       S.write_angle(pos)          #写入角度
10      pos+=1                      #变量每次增加1
11      time.sleep(0.15)             #延时15ms
```

图 26-5 每次增加 1° 程序

连接通信电缆，单击“运行”按钮，观察运行结果。可以看到，舵机回到 0°，开始慢慢转向 180° 方向，到达 180° 位置停止执行。

3. 使用电位器控制

除了以上控制方法，也可以通过外部信号控制舵机，让舵机随着输入信号的改变来相应改变角度。输入信号可以是模拟量，如电位器，也可以是数字量，如按钮开关、倾斜开关等，一旦触发开关，舵机就会转动。

本次任务使用电位器控制舵机转动，与前面两种控制方法不同的是，本例增加了一个电位器，电路搭建也有不同。还需要增加一个模拟量输入引脚。按照之前学习的方法，找出电位器模块，并连接至引脚 A0。

本次使用的电位器模块调节范围是 0~1023，舵机转动角度范围是 0~180°，要通过电位器控制转动角度，需要将电位器的变化转换为角度值。

通过编写 def 函数实现这个转换，下面编写 def 函数。

使用 pot 变量存储电位器数值，pos 变量存储角度值，完整代码如图 26-6 所示。

```
1   from pinpong.board import Board,Pin
2   from pinpong.board import Servo
3   import time
4
5   def 转换(pot):
6     return int(pot*90/1023)
7
8   Board("uno").begin()
9   电位器 = Pin(Pin.A0, Pin.ANALOG)
10  舵机 = Pin(Pin.D9, Pin.OUT)
11  S=Servo(舵机)
12
13  while True:
14      pot= 电位器.read_analog()  #读取电位器值
15      pos=转换(pot)              #转换为角度值
16      S.write_angle(pos)         #写入角度值
17      time.sleep(0.2)
```

图 26-6　使用电位器程序

连接通信电缆，单击“运行”按钮，观察运行结果。此时，转动旋钮，可以看到随着旋钮的转动，舵机也在转动。

4. 舵机自动控制器程序调试

如果舵机没有按要求转动，首先检查线路和引脚是否正确，再逐一检查程序中相关的库函数导入、初始化、循环程序等是否出现错误。

使用数字量输入信号（按钮开关、DO 的光敏传感器等），修改图 26-4 中的程序。实现当按下按钮时，舵机转动固定角度。

任务 26.3　永磁同步电动机

永磁同步电动机以永磁体提供励磁，使电动机结构较为简单，降低了

加工和装配费用，且省去了容易出问题的集电环和电刷，提高了电动机运行的可靠性；又因无需励磁电流，没有励磁损耗，提高了电动机的效率和功率密度。永磁同步电动机又分为永磁有刷同步电动机和永磁无刷同步电动机。

1. 永磁有刷同步电动机

有刷电动机的优点是技术较为成熟，配件容易购买，配套的有刷速度控制器比较便宜。缺点是电刷的寿命不长，一般在 2000 小时左右就要进行更换，其次是更换电刷需要打开电动机盖，普通用户无法自己进行更换，只能找专业的维修人员。

（1）永磁有刷同步电动机的结构。

永磁有刷同步电动机主要由定子、转子和端盖等部件构成，定子由叠片叠压而成，以减少电动机运行时产生的铁耗，其中装有绕组，也称作电枢。转子可以制成实心的形式，也可以由叠片压制而成，其上装有永磁体材料。根据电动机转子上永磁材料所处位置的不同，永磁有刷同步电动机可以分为突出式与内置式两种结构形式。突出式转子的磁路结构简单，制造成本低，但由于其表面无法安装启动绕组，不能实现异步起动。

内置式转子的磁路结构主要有混合式、径向式和切向式 3 种，它们之间的区别主要在于永磁体磁化方向与转子旋转方向关系的不同。图 26-7 给出 3 种不同形式的内置式转子的磁路结构。由于永磁体置于转子内部，转子表面便可制成极靴，极靴内置入铜条或铸铝等便可起到启动和阻尼的作用，稳态和动态性能都较好。又由于内置式转子磁路不对称，这样就会在运行中产生

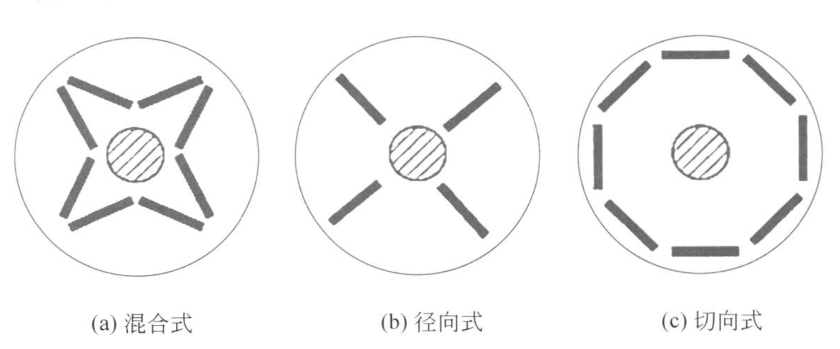

图 26-7　3 种不同形式的内置式转子的磁路结构

磁阻转矩，有助于提高电动机本身的功率密度和过载能力，而且这样的结构更易于实现弱磁扩速。

永磁有刷同步电动机的定子结构与普通的感应电动机的结构非常相似，转子结构与异步电动机的最大不同在于转子上放有高质量的永磁体磁极，根据在转子上安放永磁体位置的不同，永磁有刷同步电动机通常被分为表面式转子结构和内置式转子结构。

永磁体的放置方式对电动机性能影响很大。表面式转子结构的永磁体位于转子铁芯的外表面，这种转子结构简单，但产生的异步转矩很小，仅适合于启动要求不高的场合，因而应用较少。内置式转子结构的永磁体位于鼠笼导条和转轴之间的铁芯中，启动性能好，绝大多数永磁同步电动机都采用这种结构。永磁同步电动机的结构如图 26-8 所示。

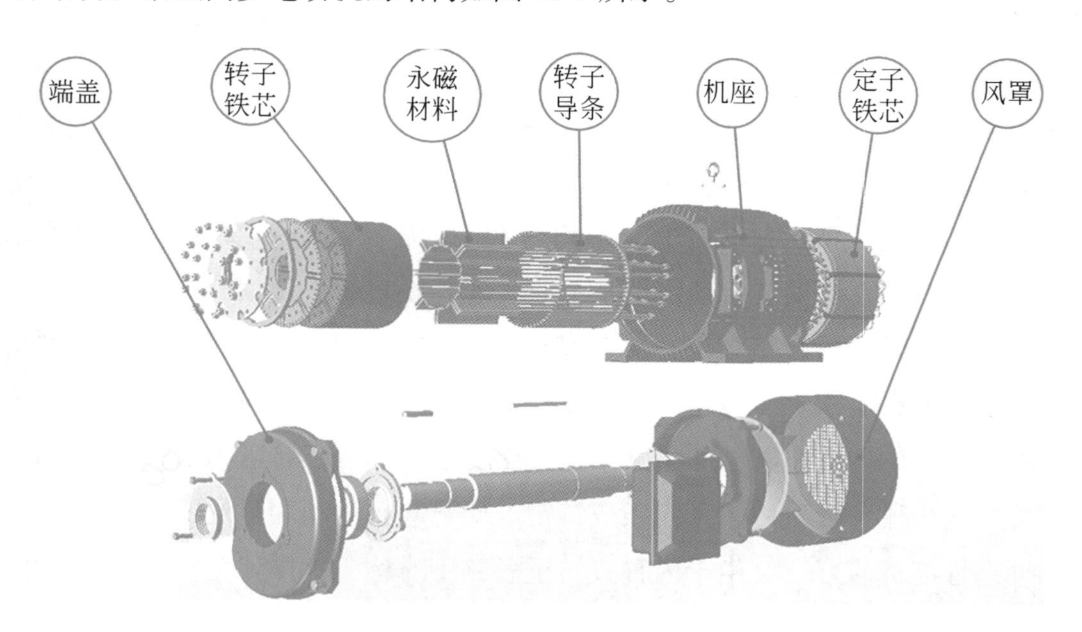

图 26-8　永磁同步电动机的结构

（2）永磁电动机的特点。

永磁同步电动机的转子或定子中有一个是永久磁铁，另外一个则是用漆包线绕制的线包。同样功率的永磁电动机比其他电动机更省电。永磁电动机的结构如图 26-9 所示。

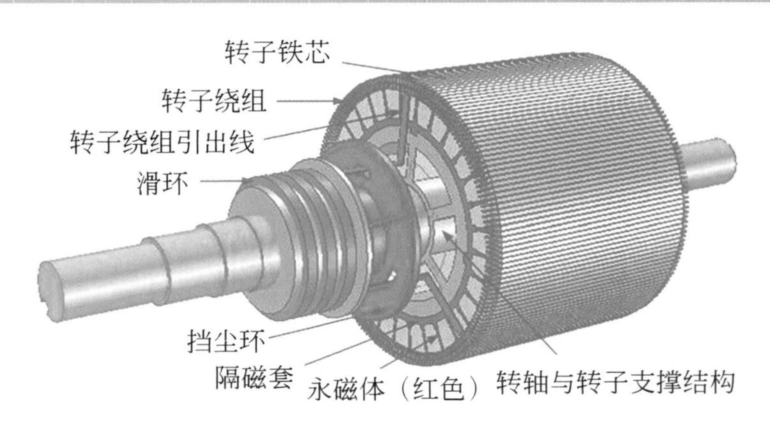

图 26-9　永磁电动机的结构

2. 永磁无刷同步电动机

永磁无刷电动机是通过电子电路换相或电流控制的永磁电动机。永磁无刷电动机有正弦波驱动和方波驱动两种形式。驱动电流为矩形波的通常称为永磁无刷直流电动机，驱动电流为正弦波的通常称为永磁交流伺服电动机，按传感类型可分为有传感器电动机和正传感器电动机。永磁无刷直流电动机的控制系统主要由永磁无刷直流电动机、直流电压、逆变器、位置传感器和控制器几部分组成，采用“三相六拍—120° 方波型”驱动。

近年来，随着永磁无刷电动机的技术越来越成熟，越来越多的电动车都用上了无刷电动机，无刷电动机就是指电动机内部没有电刷。绕组电流转换是靠外部的无刷速度控制器进行的。但是，无刷电动机必须为无刷控制器提供转子位置。该位置由霍尔传感器提供，因此，无刷电动机又有有霍尔传感器电动机和无霍尔传感器电动机之分。

永磁无刷电动机的优点是有一定的负载特点，在低速情况下能提供大扭矩输出，满足车辆加速需求，速度范围宽，电动机可以在低、中、高的速度范围内运行；无机械换向器，采用全封闭式结构，防止尘土进入电动机内部，可靠性高。缺点是电动机内部构造复杂，控制器也比有刷电动机复杂。

（1）工作原理。

永磁无刷直流电动机的控制系统主要由永磁无刷直流电动机、直流电压、逆变器、位置传感器和控制器几部分组成，采用“三相六拍—120° 方波型”

驱动。永磁无刷直流电动机通过逆变器功率管按一定的规律导通、关断，使电动机定子电枢产生按 60° 电角度不断前进的磁势，带动电动机转子旋转来实现。理想条件下的电枢各相反电势和电流，每个功率管导通 120° 电角度，互差 60° 电角度，由此可知，定子电枢产生的磁势将随着功率管有规律地不断导通和关断，并按 60° 电角度不断地顺时针转动。

逆变器功率管共有 6 种输出组合状态，每种输出组合状态只有与确定的转子位置或发电动机波形相对应，才能产生最大的平均电磁转矩。当两个磁势向量的夹角为 90° 时，相互作用力最大。而电子电枢产生的磁势是以 60° 电角度在前进，因此在每种输出模式下，转子磁势与定子磁势的夹角在 60° ~120° 变化才能产生最大的平均电磁转矩。

（2）控制方法。

永磁无刷电动机根据驱动电流波形、控制方式不同，又发明创造了很多不同控制方法，而且还在不断发展和研究中，下面介绍一些主要方法。

① 基于稳态模型的标量控制。

交流电动机最初的运行方式是不受控运行。其控制功能仅限于接通和关断以及某些情况下的辅助起动、制动和反转。为了满足一些调速传动的需要，产生了一些性能较差的控制，如鼠笼异步电动机降压调速、绕线式异步电动机转子串电阻调速和电磁转差离合器调速、绕线式异步电动机串极调速、鼠笼异步电动机变压变频调速（VVVF）、变极调速和同步电动机变压变频调速。

在以上调速方法中，除变压变频调速外，一般为开环控制，无须变频器，设备简单，但效率低，性能差。鼠笼异步电动机基于恒压频比控制而构成的转差频率闭环控制，性能相对较好，但由于它们都是基于稳态模型，动态性能较差，一般只用于水泵、风机等动态性能要求较低的节能调速和一般调速场合。

② 矢量控制。

1971 年，由德国学者 Blaschke 提出的矢量控制理论使交流电动机控制由外部宏观稳态控制深入电动机内部电磁过程的瞬态控制。永磁同步电动机的控制性能由此发生了质的飞跃。矢量控制最本质的特征是通过坐标变换将交流电动机内部复杂耦合的非线性变量变换为相对坐标系为静止的直流变量（如电流、磁链、电压等），从中找到约束条件，获得某一目标的最佳控制策略。

③ 直接转矩控制。

1985 年，Depenbrock 教授提出异步电动机直接转矩控制方法。该方法在定子坐标系下分析交流电机的数学模型，在近似圆形旋转磁场的条件下强调对电动机的转矩进行直接控制，省掉了矢量坐标变换等复杂的计算。其磁场定向应用的是定子磁链，只需知道定子电阻就可以把它观测出来，相对矢量控制更不易受电动机参数变化的影响。近年来，直接转矩控制方式被移植到永磁同步电动机的控制中，其控制规律和关键技术正逐渐被人们了解、掌握。直接转矩控制在全数字化、大转矩、快速响应的交流伺服系统中有广阔应用前景。

④ 非线性控制。

交流电动机是一个强耦合、非线性、多变量系统。非线性控制通过非线性状态反馈和非线性变换，实现系统的动态解耦和全局线性化，将非线性、多变量、强耦合的交流电动机系统分解为两个独立的线性单变量系统。其中转子磁链子系统由两个惯性环节组成。

两个子系统的调节按线性控制理论分别设计，以使系统达到预期的性能指标。但是，非线性系统反馈线性化的基础是已知参数的电动机模型和系统的精确测量或观测，而电动机在运行中，参数受各因素的影响会发生变化，磁链观测的准确性也很难论证，这些都会影响系统的鲁棒性，甚至造成系统性能恶化，但这种控制方法仍有待进一步完善。

⑤ 自适应控制。

自适应控制能在系统运行过程中不断提取有关模型的信息，使模型逐渐完善，是克服参数变化影响的有力手段。应用于永磁交流电动机控制的自适应方法有模型参考自适应、参数辨识自校正控制以及新发展的各种非线性自适应控制。但所有这些方法都存在如下问题。a. 数学模型和运算烦琐，使控制系统复杂化；b. 辨识和校正都需要一个过程，对一些参数变化较快的系统，就会因来不及校正而难以产生很好的效果。

⑥ 滑模变结构控制。

滑模变结构控制是变结构控制的一种控制策略，它与常规控制的根本区别在于控制的不连续性，即一种使系统“结构”随时变化的开关特性。其主要特点是，根据被调量的偏差及其导数，有目的地使系统沿设计好的“滑动模态”轨迹运动。

这种滑动模态是可以设计的，且与系统的参数及扰动无关，因而使系统具有很强的鲁棒性。另外，滑模变结构控制不需要任何在线辨识，所以很容易实现。在过去 10 多年里，将滑模变结构控制应用于交流传动一直是国内外学者的研究热点，并已取得了一些有效的结果。但滑模变结构控制本质上的不连续开关特性使系统存在“抖振”问题。主要原因如下。

a. 对于实际的滑模变结构系统，其控制力总是受到限制，从而使系统的加速度有限；

b. 系统的惯性、切换开关的时间、空间滞后及状态检测的误差，特别对于计算机的采样系统，当采样时间较长时，形成“准滑模”等。

因此，在实际系统中“抖振”必定存在且无法消除，这就限制了它的应用。

⑦ 专家系统智能控制。

专家控制（expert control）是智能控制的一个重要分支。专家控制的实质是基于控制对象和控制规律各种知识，并以智能方式利用这些知识使控制系统尽可能优化。专家控制的基本思想是自动控制理论 + 专家系统技术。

自动控制系统中存在大量的启发式逻辑，这是因为工业控制对象及其环境的变化呈现出多样性、非线性和不确定性，这些启发式逻辑实际上是实现最优控制目标的各种经验知识，难以用一般的数值形式描述，而适于用符号形式来表达，人工智能中的专家系统技术恰恰为这类经验知识提供了有效的表示和处理方法。

知识库和推理机为专家系统的两大要素，知识库存储某一专门领域的专家知识、条目，推理机制按照专家水平的问题求解方法调用知识库中的知识条目进行推理、判断和决策。专家系统与传统自动控制理论的结合，形成了专家控制系统，这类系统以模仿人类智能为基础，弥补了以数学模型为基础的控制系统的不足。专家控制的研究大致包括用于传统 PID 控制和自适应控制的专家控制和基于模糊规则的控制方法。

⑧ 模糊逻辑智能控制。

模糊逻辑控制实质上是利用计算机模拟人的模糊逻辑思维功能实现的一种数字反馈控制。人的思维具有模糊逻辑的特点，因此用计算机模拟人的模糊思维，即模糊概念、模糊判断和模糊推理，就是模糊控制的思维科学基础，再和反馈控制理论相结合就可以实现模糊控制。

传统的比例积分微分控制（PID）系统设计中需要给出被控对象的精确模型。模型的不精确性及不确定性都会影响 PID 性能。相反，模糊控制不需要知道被控对象的精确模型，它是基于控制系统输入输出数据因果关系的模糊推理控制。

模糊控制不是基于被控对象精确模型的控制方式，因此具有较强的鲁棒性，其稳态精度可以通过引进智能积分等方法达到所要求的精度。此外，还可以将模糊逻辑推理和 PID 相结合，对 PID 参数进行自适应调整，实现无静态跟踪伺服控制。

⑨ 神经网络智能控制。

人工神经网络是利用计算机模拟人类大脑神经系统的联接机制而设计的一种信息处理的网络结构，一般简称为神经网络（NN）。神经网络中最基本单元是神经细胞，简称为神经元。它是一种多输入单输出的信息处理单元，包括输入处理、活化处理和输出处理 3 部分。

从控制的观点，神经元模型由加权加法器、单输入单输出线性动态系统和静态非线性函数组成。它们模拟神经细胞综合处理信息的突变性和饱和性的非线性特征。神经网络是由大量神经元构成网络，能够根据某种学习规则，通过调整神经元之间的联接强度（权重）来不断改进网络的逼近性能，即神经网络具有非常强的非线性映射能力。正因为如此，神经网络在智能控制、模式识别、故障诊断、系统辨识等领域获得了广泛应用。

（3）研究热点。

永磁无刷电动机具有和直流电动机相似的优良调速性能，又克服了直流电动机采用机械式换向装置所引起的换向火花、可靠性低等缺点，且运行效率高、体积小和质量轻，使用广，因而一直在研究和发展中，下面介绍一些研究热点。

① 电动机转矩特性。

为了提高电机的转矩特性，许多学者和研究机构在永磁同步电动机的结构设计上进行了大胆的尝试和革新，并且取得了许多新进展。为了解决槽宽和齿部宽度的矛盾，开发了横向磁通电动机（transverse flux machine）技术，电枢线圈和齿槽结构在空间上垂直，主磁通沿着电动机的轴向流通，提高了电动机的功率密度；采用双层的永磁体布置，使得电动机的交轴电导提高，从而增加了电动机的输出转矩和最大功率；改变定子齿形和磁极形状以减少电动机的转矩脉动等。

② 弱磁扩速能力。

采用弱磁控制后，永磁同步电动机的运行特性更加适合电动汽车的驱动要求。在同等功率要求的情况下，降低了逆变器容量，提高了驱动系统的效率。因此，电动汽车驱动使用的永磁同步电动机普遍采用弱磁扩速。为此，国内外的研究机构提出了多种方案，如采用双套定子结构，在不同转速时使用不同绕组，以最大限度地利用永磁体磁场；采用复合转子结构，转子增加磁阻段以控制电动机直轴和交轴的电抗参数，从而增加电动机扩速能力；定子采用深槽以增加直轴漏抗以扩大电动机的转速范围。

③ 电动机控制理论。

由于永磁同步电动机具有非线性和多变量等特点，其控制难度大，控制算法复杂，传统的矢量控制方法往往不能满足要求。为此，一些先进的控制方法在永磁同步电动机调速系统中得到应用，包括自适应观测器、模型参考自适应、高频信号注入法及模糊控制、遗传算法等智能控制方法。这些控制方法不依赖于控制对象的数学模型，适应性和鲁棒性好，对于永磁同步电动机这样的非线性强的系统具有独特的优势。

任务 26.4 总结与评价

自主评价式展示，说说制作舵机自动控制器的全过程，介绍所用每个电子元器件的功能，电子 CAD 放置继电器的方法和步骤，每条指令的作用和使用方法。展示制作的舵机自动控制器作品。

（1）集体讨论

① 编写程序使舵机旋转 45°？

② 怎样判断舵机的好坏？

（2）思考与练习

① 在图 26-5 所示程序基础上继续编写代码，实现舵机从 180° 到 0° 转动。提示：每次循环减少 1°。

② 编写两个舵机旋转 90° 角程序。

（3）项目 26 已完成，在表 26-2 画☆，最多画 3 个☆。

表 26-2 项目 26 评价表

评 价 描 述	评 价 结 果
能绘制电路原理图，能说清电路功能	
能按原理图连接硬件，并通过检测	
能编写固定角度的舵机控制程序，并测试成功	
能编写自动可变角度的舵机程序，并测试成功	
能使用外部设备（开关等）控制舵机，并测试成功	